优质低害白肋烟生产
理论与技术

史宏志 主编

科学出版社

北京

内 容 简 介

　　本书在总结白肋烟相关研究成果的基础上，系统阐述了我国不同白肋烟产区烟叶质量风格、化学成分组成特点和生态条件与烟叶质量特色形成的关系，全面总结了针对不同产区白肋烟生产中存在的突出问题开展的品种改良、氮素运筹、节水灌溉、群体调控、成熟采收、晾制控制、贮藏管理等研究成果。全书包括7章，分别为生态环境及品质特征、营养高效与肥水运筹、生育优化及质量控制、香气物质及调制增香、生物碱组成及遗传改良、烟草特有亚硝胺及抑制技术、氨基酸含量及影响因素等。

　　本书可供烟草科研、教学、生产、加工领域的技术和管理人员阅读，也可作为大专院校烟草种植和加工专业研究生和本科生的参考书籍。

图书在版编目(CIP)数据

优质低害白肋烟生产理论与技术 / 史宏志主编. — 北京：科学出版社，2020.10
　　ISBN 978-7-03-066106-7

　　Ⅰ. ①优… 　Ⅱ. ①史… 　Ⅲ. ①烟叶–栽培技术 　Ⅳ. ①S572

中国版本图书馆 CIP 数据核字 (2020) 第 175774 号

责任编辑：韩卫军 / 责任校对：彭　映
责任印制：罗　科 / 封面设计：墨创文化

科 学 出 版 社 出版

北京东黄城根北街16号
邮政编码：100717
http://www.sciencep.com

四川煤田地质制图印刷厂印刷
科学出版社发行　各地新华书店经销

*

2020 年 10 月第 一 版　　开本：787×1092 1/16
2020 年 10 月第一次印刷　　印张：11 1/2
字数：270 000

定价：**169.00 元**
(如有印装质量问题，我社负责调换)

编 委 会

主 编 简 介

  史宏志，男，河南人，博士，教授，博士研究生导师，烟草行业烟草栽培重点实验室主任，国家烟草栽培生理生化研究基地副主任，河南农业大学烟草学院烟草栽培生理生态团队首席教授，河南农业大学烟草农业减害研究中心主任，九三学社河南省委经济委员会烟草专业委员会主任，《中国烟草学报》副主编。1990 年和 1997 年分别在河南农业大学和湖南农业大学获得硕士和博士学位。1998 年获国家留学基金管理委员会资助，赴美国肯塔基大学农学系做访问学者；1999～2003 年先后在美国肯塔基大学和美国菲利普·莫里斯烟草公司研究中心做博士后研究。现在河南农业大学从事烟草栽培生理科研和教学工作。目前出版学术专著 7 部，先后主持国家烟草专卖局、中国烟草总公司四川省公司、中国烟草总公司云南省公司、中国烟草总公司贵州省公司、中国烟草总公司河南省公司、河南中烟工业有限责任公司、上海烟草集团有限责任公司北京卷烟厂等 20 多项科技项目；获得省部级科技进步奖 8 项，获得国家发明专利 7 项；主持起草烟草行业标准 1 项，在国际会议宣读论文 30 多篇，在 *Journal of Agricultural & Food Chemistry* 等 SCI 杂志发表论文 15 篇，在《中国农业科学》《作物学报》《中国烟草学报》等期刊发表论文 200 多篇。

前　言

白肋烟是目前世界上种植面积第二大的烟草类型，是国际上占主导地位的混合型卷烟的重要原料。白肋烟香味浓郁，烟气醇厚，生理满足感强，对丰富卷烟烟香、增加烟气浓度、调节烟气吃味具有重要作用，再加上白肋烟组织结构疏松，焦油含量低，其在降焦减害中具有特殊地位。自 1864 年白肋烟在美国问世以来，其独特的品质风格便迅速被人们所认识和接受，与烤烟、香料烟混合生产的混合型卷烟开始广为流传，并逐渐成为世界主流卷烟类型。我国从 20 世纪 50 年代开始在全国各地引种试种白肋烟，于 20 世纪 60 年代在湖北、四川、重庆等地试种成功，1986 年又在云南大理试种，获得较大成功。由于优质白肋烟生产对生态环境要求严格，特别是对土壤肥力、温度、光照、晾制期间湿度条件要求较高，白肋烟适宜种植区域相对较少，自 21 世纪以来，国内白肋烟种植区域主要集中在云南大理、湖北恩施、四川达州和重庆万州等地。

由于白肋烟在我国种植历史较短，理论和技术研究的系统性和深度不够，人们对不同地区白肋烟的品质和风格特点、生态条件与烟叶质量的关系，一直以来都存在着模糊认识，区域性优质高效配套栽培和调制技术也不成熟。特别是随着烟叶减害任务日益迫切，白肋烟烟碱向降烟碱转化问题、烟草特有亚硝胺在调制和贮藏过程中的形成和积累问题等成为国际社会关注的焦点，也自然成为我国白肋烟研究的重要课题。由于我国在白肋烟减害研究方面起步较晚，很多方面的研究具有开创性的意义。正是在这种背景下，国家烟草栽培生理生化研究基地和烟草行业烟草栽培重点实验室自 2004 年以来主持了国家烟草专卖局"烟草烟碱转化及生物碱优化技术研究""降低国产白肋烟马里兰烟烟草特有亚硝胺关键技术研究"，中国烟草总公司四川省公司"四川优质白肋烟生产理论与技术研究应用""四川达州特色优质白肋烟开发"，中国烟草总公司云南省公司"云南宾川优质白肋烟技术开发与应用"，上海烟草集团有限责任公司北京卷烟厂"烟草贮藏过程中 TSNAs 形成机理及抑制技术研究"等项目。通过十多年的艰辛研究和不懈探索，明确了我国不同产区烟叶质量风格和化学成分组成特点，阐明了生态条件与烟叶质量特色形成的关系，针对不同产区白肋烟生产中存在的突出问题开展了品种改良、氮素运筹、节水灌溉、群体调控、成熟采收、晾制控制、贮藏管理等研究，建立了优质、高效、低害生产理论与技术体系，显著促进了烟草科技进步，提高了白肋烟质量和安全性。

白肋烟优质低害研究综合性较强，涉及烟草学、作物生态学、作物生理学、气象学、土壤学、灌溉学、作物营养学、作物遗传育种学、烟草化学等多学科知识。在这些项目的实施过程中，河南农业大学、国家烟草栽培生理生化研究基地、烟草行业烟草栽培重点实验室、中国烟草总公司四川省公司达州市公司、中国烟草总公司云南省公司大理州(大理白族自治州，简称大理州)公司、上海烟草集团有限责任公司北京卷烟厂、中国烟草白肋烟试验站等主持单位密切合作，潜心研究，圆满完成了各项研究任务，取得了许多创新性的结果。本书正是在上述项目研究结果全面总结的基础上，对形成的理论与技术进行系统梳理和归纳后撰写出来的，旨在丰富烟草科学理论，为优质低害白肋烟生产提供理论与技术支撑。全书包括七章，分别为生态环境及品质特征、营养高效与肥水运筹、生育优化及质量控制、香气物质及调制增香、生物碱组成及遗传改良、烟草特有亚硝胺及抑制技术、氨基酸含量及影响因素。全书 95%以上的内容为笔者承担的相关科研项目获得的研究成果，大部分内容已作为研究论文在国际会议、SCI 期刊、国内核心期刊宣读或发表，并作为博士研究生、硕士研究生学位论文的核心内容公开。

在本书编辑出版之际，真诚感谢国家烟草专卖局科技司、中国烟叶公司的指导和支持，感谢河南农业大学、国家烟草栽培生理生化研究基地、烟草行业烟草栽培重点实验室各位领导、老师、同仁的关心、鼓励和帮助！感谢中国烟草总公司四川省公司、中国烟草总公司云南省公司、上海烟草集团有限责任公司北京卷烟厂等提供的经费支持和密切协作！感谢参与该项目的研究生，他们直接参与了试验设置、数据处理、结果分析、文献收集、资料整理和本书的文字工作！还要衷心感谢为我们从事烟草科研提供资助和试验条件，同时给予大力协助、支持和配合的工商界领导和同仁！

本书研究涉及面广，难度较大，时间较短，有些研究结果可能尚需验证。由于笔者学术水平有限，书中不当之处在所难免，敬请各位读者批评指正！愿与各位同仁一起为烟草科技事业发展做出贡献。

目　　录

第1章 生态环境及品质特征

白肋烟(burley tobacco)是以晾制为主要调制方式的烟草类型,种植面积和产量仅次于烤烟,为全球第二大栽培烟草类型。白肋烟是马里兰深色晒烟品种的一个浅色突变种,源于1864年美国俄亥俄州布朗县的一个农场,其茎、叶片和主脉呈奶油色,浅黄绿色遍布整个烟叶,其叶形类似于马里兰的阔叶烟,烟叶正面和背面均布满黏性的茸毛。白肋烟的烟碱和总氮含量高,糖分含量极低,叶片较薄、弹性强、填充力高、阴燃保火力强,对香精、香料具有良好的吸收能力,烟味浓郁、香气量大,但刺激性强,一般很少单独使用,多与烤烟、香料烟混合生产混合型卷烟。美国是世界上最大的白肋烟生产国,也是最优质的白肋烟产区,其产区主要集中在肯塔基州(Kentucky)和田纳西州(Tennessee);其次是意大利、西班牙、韩国、墨西哥、马拉维和菲律宾等。我国20世纪50年代开始引种试种白肋烟,于60年代在湖北、四川试种成功;至21世纪初,我国白肋烟种植面积约2.6×10⁴hm²,总产量在4×10⁴t左右。由于优质白肋烟生产对生态环境要求严格,特别是对土壤肥力、温度、光照、晾制期间湿度条件的要求较高,我国白肋烟产区相对较为集中,目前国内大规模种植的地区有云南大理、湖北恩施、重庆万州和四川达州等地。本章主要阐述我国白肋烟主要产区的气候特征及主要产区烟叶品质特征,分析生态条件对白肋烟的烟叶品质及风格特征的影响。

1.1 我国白肋烟主要产区气候特征

气候因子是影响白肋烟布局及生长发育的重要生态因素,特别是光、温、水等气候条件,它们对白肋烟的生长发育和品质有着极为重要的影响。品种和栽培技术因子只有在适宜的气候条件下才能有效发挥其对烟叶品质的提高作用。白肋烟喜温,尤其是在成熟期和晾制期,适宜的温度有利于促进叶片的物质积累和转化。晾制期是白肋烟烟叶品质形成的关键时期,这时对环境条件要求较高,适宜的温度、湿度条件有利于叶片的物质转化,使烟叶品质得到进一步提升。为了明确产区之间的气候差异,对我国云南大理(宾川和云龙)、四川达州[宣汉、万源、开江和达县(现达州区)]、重庆(万州和奉节)和湖北恩施(巴东和建始)10个白肋烟主要产区的气候因子进行聚类分析。基础数据来源于各地气象部门提供的原始气象数据(1981~2011年),以各产区白肋烟在大田期和晾制期的平均气温、积温(≥10℃)、平均降水量、平均相对湿度和日照时数为主要分析指标(王俊,2017)。

1.1.1 白肋烟主要产区气候因子分析

达州市地处四川东北部,属亚热带湿润季风气候,大巴山区(大巴山横亘在万源、宣汉北部)，烟叶种植历史悠久，被列为全国著名晾晒烟生产区域。1981～2011 年达州(宣汉、万源、开江和达县)主要气候因子在大田期和晾制期的整体变化情况见表 1-1。万源位于达州北部，在烟叶的大田期和晾制期，总降水量明显较高，平均气温略低。

表 1-1　1981～2011 年四川宣汉、万源、开江、达县气候因子在白肋烟大田期和晾制期的变化情况

产区	气候因子	大田期(5月10日～8月15日)		晾制期(8月16日～10月15日)	
		平均值	变异系数	平均值	变异系数
宣汉	平均气温/℃	24.6	2.3	22.4	3.7
	积温(≥10℃)	1531.3	3.8	742.8	6.7
	日照时数/h	630.6	14.7	284.2	19.8
	相对湿度/%	79.6	3.7	81.6	4.9
	降水量/mm	649.9	24.6	305.5	44.5
万源	平均气温/℃	22.8	2.6	20.1	3.6
	积温(≥10℃)	1338.7	3.1	607.9	7.2
	日照时数/h	557.5	14.5	243.0	24.1
	相对湿度/%	74.8	3.2	78.4	3.5
	降水量/mm	724.0	40.3	362.2	46.4
开江	平均气温/℃	24.6	2.5	22.6	3.7
	积温(≥10℃)	1532.4	4.2	755.4	6.7
	日照时数/h	552.5	18.4	264.9	22.4
	相对湿度/%	78.6	4.4	79.5	4.8
	降水量/mm	623.5	26.0	300.5	38.7
达县	平均气温/℃	25.1	2.4	21.8	2.3
	积温(≥10℃)	1584.4	3.9	772.3	6.2
	日照时数/h	523.3	17.5	230.7	23.1
	相对湿度/%	77.7	4.2	80.0	5.1
	降水量/mm	635.3	24.3	281.2	44.0

注：表中变异系数列单位为%。

　　重庆是我国优质白肋烟的生产基地之一，万州和奉节地处重庆市东北部，两个产区地理位置相近，两地 1981～2011 年平均气温、降水量变化趋势基本一致，其中万州在大田期和晾制期的降水量和平均气温都高于奉节，为典型的高温高湿地区(表 1-2)。

表 1-2　1981～2011 年重庆万州、奉节气候因子在白肋烟大田期和晾制期的变化情况

产区	气候因子	大田期(5月10日～8月15日)		晾制期(8月16日～9月25日)	
		平均值	变异系数	平均值	变异系数
万州	平均气温/℃	26.4	2.3	25.9	3.8
	积温(≥10℃)	1557.9	3.7	634.0	6.2
	日照时数/h	491.2	16.3	207.7	20.4
	相对湿度/%	78.9	4.9	77.5	7.6
	降水量/mm	568.3	30.9	197.8	44.8

续表

产区	气候因子	大田期(5月10日~8月15日)		晾制期(8月16日~9月25日)	
		平均值	变异系数	平均值	变异系数
奉节	平均气温/℃	25.1	4.2	24.6	5.6
	积温(≥10℃)	1431.6	6.9	582.1	9.5
	日照时数/h	525.4	14.7	224.6	21.8
	相对湿度/%	73.4	6.0	70.4	9.8
	降水量/mm	527.3	26.0	176.8	47.8

注：表中变异系数列单位为%。

巴东和建始位于湖北省西南部，两地是我国传统的白肋烟生产优势地区。从表1-3可以看出，在整个大田期及晾制期，两地1981~2011年的平均气温、降水量的总体变化趋势基本一致。

表1-3　1981~2011年湖北巴东、建始气候因子在白肋烟大田期和晾制期的变化情况

产区	气候因子	大田期(5月10日~8月15日)		晾制期(8月16日~9月30日)	
		平均值	变异系数	平均值	变异系数
巴东	平均气温/℃	24.6	1.9	23.7	3.5
	积温(≥10℃)	1391.7	3.2	616.1	6.0
	日照时数/h	489.7	16.4	223.4	19.4
	相对湿度/%	78.9	3.4	77.3	5.6
	降水量/mm	668.3	27.5	216.9	50.8
建始	平均气温/℃	23.8	2.1	22.7	3.6
	积温(≥10℃)	1255.7	6.4	571.7	6.4
	日照时数/h	487.4	14.7	224.2	18.9
	相对湿度/%	79.5	4.4	78.1	6.4
	降水量/mm	675.7	22.9	221.6	45.9

注：表中变异系数列单位为%。

宾川地处云贵高原西南部，位于大理白族自治州东部，是云南白肋烟的主要产区。云龙地处云南西部澜沧江纵谷区，为山区地形，位于大理白族自治州的西部。由表1-4可知，宾川、云龙在整个大田期及晾制期，1981~2011年的平均气温、降水量存在一定的差异。宾川和云龙虽同处滇西北，但由于地势地貌不同，云龙自然降水偏多，空气湿度较大，而宾川降水量较少，空气湿度相对较小。

表1-4　1981~2011年云南云龙、宾川气候因子在白肋烟大田期和晾制期的变化情况

产区	气候因子	大田期(5月15日~8月20日)		晾制期(8月21日~10月10日)	
		平均值	变异系数	平均值	变异系数
云龙	平均气温/℃	21.9	2.4	20.1	3.0
	积温(≥10℃)	1129.5	4.3	503.7	5.9
	日照时数/h	423.4	16.1	217.2	20.9
	相对湿度/%	73.4	5.2	79.9	3.5
	降水量/mm	409.8	28.2	204.4	34.4

产区	气候因子	大田期(5月15日~8月20日)		晾制期(8月21日~10月10日)	
		平均值	变异系数	平均值	变异系数
宾川	平均气温/℃	24.0	2.9	21.8	3.8
	积温(≥10℃)	1331.2	5.0	590.4	7.1
	日照时数/h	566.0	8.1	274.5	13.9
	相对湿度/%	68.1	6.6	74.5	5.6
	降水量/mm	322.7	24.8	155.3	37.5

注：表中变异系数列单位为%。

1.1.2　白肋烟10个主要产区气候因子的聚类分析

对白肋烟10个主要产区在1981~2011年的大田期及晾制期的关键气候指标进行欧氏距离聚类分析(最长距离法)。由图1-1可知，10个产区可分为三类：第I类为宣汉、开江、达县及万州、奉节；第II类为万源、巴东和建始；第III类为宾川和云龙。

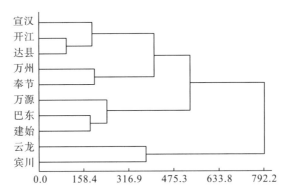

图1-1　白肋烟10个产区气候因子的聚类分析树状图

根据聚类分析结果对三类产区的气候因子进行汇总，见表1-5。第I类产区在大田期及晾制期的平均气温、积温(≥10℃)高，日照最充足，降水量较多，尤其是万州，其平均气温最高；第II类产区在各个生育期的降水量最高，平均相对湿度最大，平均气温和积温(≥10℃)适中；第III类产区大田期、晾制期平均气温、积温(≥10℃)最低，降水量最少。

表1-5　三类产区各生育期气候因子的情况

气候因子	大田期			晾制期		
	第I类	第II类	第III类	第I类	第II类	第III类
平均气温/℃	25.2	23.7	23.0	23.5	22.2	20.9
积温(≥10℃)	1527.5	1328.7	1230.4	697.3	598.6	547.0
日照时数/h	544.6	511.5	494.7	242.4	230.2	245.9
平均相对湿度/%	77.6	77.8	70.7	77.8	77.9	77.2
降水量/mm	600.9	689.3	366.3	252.4	266.9	179.9

1.2　白肋烟主要产区烟叶品质特征

　　烟叶品质具有时间性、区域性和相对性，是一个综合的概念，并且在不断的发展变化中。它主要包括外观质量、物理特性、常规化学成分、中性香气物质和感官评吸等方面，每方面又由不同的指标组成，各指标之间的相互关系及协调程度反映了烟叶的品质特征。

　　生态因素是烟叶品质特点和风格特色形成的基础条件。为了探讨我国白肋烟主要产区的品质现状，探明各产区烟叶质量分布特征，分析其质量的优势和缺陷，以及与国外其他产区白肋烟的品质差异，笔者于 2010 年在我国白肋烟主要产区湖北恩施、四川达州、重庆万州和云南大理，选取当地白肋烟主栽品种(鄂烟 1 号、鄂烟 3 号、达白 1 号、达白 2 号、TN86、TN90 和 YNBS1 等)的上部叶(B2F)和中部叶(C3F)，同时选取美国的 4 个(2009 年和 2010 年产)和马拉维的 2 个(2010 年产)样品对其进行了品质比较(赵晓丹，2012)。

1.2.1　外观质量

　　烟叶的外观质量是指人们通过感官可以做出判断的烟叶外在质量表现，目前主要靠眼观、手摸、鼻闻等直接感触和识别的经验性感官来判定。烟叶的外观质量是烟叶内在品质的直接反映，是收购烟叶时分级的主要依据。外观质量的判定因素主要包括成熟度、颜色、光泽、身份、油分、结构等，这些因素均与烟叶质量存在密切关系。

1. 湖北恩施白肋烟外观质量状况分析

　　湖北恩施白肋烟的 B2F 烟叶成熟度良好，所取样品均为成熟烟叶，颜色为浅红棕至红棕，以红棕为主，光泽较强，身份偏厚，油分为有—富有，说明烟叶油分含量丰富，结构不够疏松有待进一步改善(表 1-6)。C3F 烟叶所取样品均为成熟烟叶，成熟度良好，颜色以浅红棕为主(约占 50%)，光泽较好，身份中等—厚占 50%，油分有，结构稍疏松—疏松占 75%。

表 1-6　湖北恩施不同产区白肋烟外观质量比较

等级	取样点	成熟度	颜色	光泽	身份	油分	结构
B2F	巴东 1	成熟	红棕	鲜明	厚	富有	稍细致
	巴东 2	成熟	浅红棕	鲜明	厚	有	疏松
	建始 1	成熟	红棕	尚鲜明	稍厚	富有	细致
	建始 2	成熟	红棕	尚鲜明	稍厚	有	稍疏松
C3F	巴东 1	成熟	浅红棕	鲜明	稍薄	富有	稍细致
	巴东 2	成熟	浅红棕	鲜明	稍厚	有	疏松
	建始 1	成熟	红棕	尚鲜明	中等	有	稍疏松
	建始 2	成熟	红黄	尚鲜明	厚	有	稍疏松

2. 四川达州白肋烟外观质量状况分析

四川达州白肋烟的 B2F 烟叶成熟度情况好，颜色以红黄和浅红棕为主（占 90%左右），光泽尚鲜明，身份中等—厚占 50%，油分有—富有占 80%，结构以稍疏松和疏松为主（约占 60%），其身份有待进一步改善（表 1-7）。四川达州白肋烟的 C3F 烟叶成熟度情况好，颜色以红黄居多，光泽尚鲜明，身份中等—厚占 30%，油分有—富有占 80%，结构稍细致—细致占 30%。总之，四川达州的白肋烟成熟度处于成熟档次的中上水平，颜色多为红黄或浅红棕，光泽较强，身份中等，油分有，结构处于稍疏松的水平，其身份（略偏薄）和油分有待进一步改善。

表 1-7　四川达州不同产区白肋烟外观质量比较

等级	取样点	成熟度	颜色	光泽	身份	油分	结构
B2F	天宝	成熟	浅红棕	尚鲜明	稍薄	有	稍疏松
	桃花坪	成熟	浅红棕	尚鲜明	稍薄	少	稍疏松
	乘龙	成熟	红黄	稍暗	厚	有	细致
	武胜	成熟	红黄	较暗	稍厚	富有	稍细致
	龙井	成熟	浅红棕	尚鲜明	稍厚	有	疏松
	野鸭	成熟	浅红棕	尚鲜明	厚	富有	细致
	凤凰	成熟	红棕	鲜明	厚	富有	细致
	高寺	成熟	红黄	稍暗	中等	少	较疏松
	玄祖	成熟	浅红棕	尚鲜明	中等	有	稍疏松
	茶子	成熟	红黄	尚鲜明	稍薄	有	稍疏松
C3F	天宝	成熟	浅红棕	尚鲜明	稍薄	有	疏松
	桃花坪	成熟	浅黄	尚鲜明	稍薄	有	稍疏松
	乘龙	成熟	红黄	鲜明	厚	富有	稍细致
	武胜	成熟	红黄	鲜明	中等	有	疏松
	龙井	成熟	浅红黄	尚鲜明	薄	少	疏松
	野鸭	成熟	红黄	鲜明	中等	有	稍疏松
	凤凰	成熟	红黄	尚鲜明	稍薄	少	稍细致
	高寺	成熟	红棕	尚鲜明	稍薄	有	稍疏松
	玄祖	成熟	红黄	鲜明	薄	有	细致
	茶子	成熟	浅红棕	鲜明	稍薄	有	稍疏松

3. 重庆万州白肋烟外观质量状况分析

重庆万州白肋烟的上部叶（B2F）烟叶成熟度较好，颜色多为浅红棕和红棕，光泽较强，身份较厚，油分有，结构不够疏松，外观质量符合要求。中部叶（C3F）成熟度情况好，颜色以红棕为主（占 62.50%），光泽较强，身份中等—厚占 62.50%，油分有，结构以疏松—稍疏松为主（表 1-8）。

表 1-8　重庆万州不同产区白肋烟外观质量比较

等级	取样点	成熟度	颜色	光泽	身份	油分	结构
B2F	响水 1	成熟	浅红棕	尚鲜明	稍厚	有	细致
	响水 2	成熟	浅红棕	尚鲜明	中等	有	稍细致
	响水 3	成熟	红棕	尚鲜明	稍厚	富有	细致
	响水 4	成熟	红棕	鲜明	中等	有	稍疏松
	普子 1	尚熟	红黄	稍暗	稍薄	少	稍细致
	普子 2	成熟	浅红棕	尚鲜明	稍厚	有	稍疏松
	普子 3	成熟	红棕	鲜明	厚	有	稍细致
	普子 4	成熟	红棕	尚鲜明	稍厚	富有	稍细致
C3F	响水 1	成熟	红黄	尚鲜明	稍薄	少	疏松
	响水 2	成熟	红黄	较暗	中等	有	稍疏松
	响水 3	成熟	红棕	鲜明	厚	有	稍疏松
	响水 4	成熟	红棕	尚鲜明	稍薄	有	较疏松
	普子 1	成熟	红棕	尚鲜明	中等	有	稍细致
	普子 2	成熟	红棕	鲜明	厚	富有	细致
	普子 3	成熟	红黄	尚鲜明	厚	有	稍细致
	普子 4	成熟	红棕	较暗	稍薄	少	较疏松

4. 云南大理白肋烟外观质量状况分析

云南大理白肋烟的 B2F 烟叶成熟度情况较好，处于成熟档次的中上水平，颜色以红棕居多，比例为 58.3%，光泽强，身份中等到厚，油分有—富有占 91.67%，结构稍疏松—疏松占 41.67%（表 1-9）。C3F 烟叶成熟度情况好，处于成熟档次的上等水平，颜色以红黄和浅红黄居多，光泽较强，身份中等，油分有—富有占 91.67%，结构稍疏松—疏松占 50%。

表 1-9　云南大理不同产区白肋烟外观质量比较

等级	取样点	成熟度	颜色	光泽	身份	油分	结构
B2F	力角 1	成熟	红棕	尚鲜明	厚	有	细致
	力角 2	完熟	红棕	鲜明	稍厚	富有	稍细致
	力角 3	成熟	红棕	尚鲜明	稍厚	有	细致
	三宝庄 1	成熟	红棕	尚鲜明	稍厚	有	稍细致
	三宝庄 2	成熟	红黄	鲜明	厚	富有	稍细致
	鸡坪关 1	成熟	红棕	尚鲜明	中等	有	稍疏松
	鸡坪关 2	成熟	红黄	鲜明	厚	有	细致
	黄坪	成熟	红棕	鲜明	厚	富有	稍疏松
	炼洞	成熟	红黄	尚鲜明	稍厚	有	疏松
	太和	成熟	红黄	鲜明	中等	少	稍疏松
	朵美	成熟	红棕	鲜明	厚	富有	疏松
	州城	成熟	红黄	鲜明	厚	有	细致

等级	取样点	成熟度	颜色	光泽	身份	油分	结构
C3F	力角 1	成熟	红棕	尚鲜明	厚	有	疏松
	力角 2	成熟	红黄	鲜明	中等	富有	疏松
	力角 3	成熟	红黄	鲜明	厚	富有	稍细致
	三宝庄 1	成熟	浅红黄	鲜明	厚	富有	较疏松
	三宝庄 2	成熟	红黄	尚鲜明	中等	有	稍疏松
	鸡坪关 1	成熟	红棕	尚鲜明	稍厚	有	细致
	鸡坪关 2	成熟	红棕	鲜明	稍厚	有	细致
	黄坪	成熟	浅红黄	稍暗	中等	少	稍疏松
	炼洞	成熟	浅红棕	尚鲜明	中等	有	稍疏松
	太和	成熟	红黄	鲜明	厚	富有	细致
	朵美	成熟	浅红棕	鲜明	稍厚	有	稍细致
	州城	成熟	红黄	尚鲜明	中等	有	稍疏松

不同产区白肋烟的外观质量存在差异,这与各产区的气候、土壤、栽培品种、施肥等密切相关(杨兴有等,2015)。湖北恩施的白肋烟成熟度良好,颜色以浅红棕为主,身份中等至厚,油分有,结构不够疏松;四川达州的白肋烟成熟度处于成熟档次的中上水平,颜色多为红黄或浅红棕,光泽较强,油分有,结构处于稍疏松的水平,其身份略偏薄,有待进一步的改善;重庆万州的白肋烟成熟度情况较好,颜色以浅红棕—红棕居多,光泽较强,少量叶光泽稍暗,身份较厚,油分有,结构不够疏松;云南大理的白肋烟成熟度处于成熟档次的中上水平,颜色多为红棕色,光泽强,身份中等到稍厚,油分有,结构不够疏松。

1.2.2 物理特性

物理特性是通过物理方法测定的烟叶性状,是卷烟加工过程中不可缺少的品质指标,主要包括单叶重、含梗率、叶质重、最大叶长、最大叶宽、填充值、叶厚和拉力等。物理特性在一定程度上能反映出烟叶的内在品质。

1. 不同产区白肋烟物理特性状况分析

对不同产区白肋烟的物理特性进行分析,结果表明,不同产区白肋烟物理特性各项指标的变异系数较小,说明产区间烟叶的物理特性较稳定。湖北恩施白肋烟的 B2F 烟叶最大叶长的平均值 65.26cm,变异系数最小,为 2.57%;填充值的变异系数最大,为 11.24%,其他各项指标均较稳定。C3F 烟叶各项指标的变异系数均小于 10%,保持在较低的变异水平(表 1-10)。

表 1-10 湖北恩施白肋烟物理特性分析

等级	指标	最小值	最大值	平均值	变异系数	偏度系数	峰度系数
B2F	单叶重/g	11.14	12.86	11.97	7.50	0.04	-5.59
	含梗率/%	26.47	30.12	28.54	5.77	-0.60	-1.75

续表

等级	指标	最小值	最大值	平均值	变异系数	偏度系数	峰度系数
B2F	叶质重/(g/cm²)	45.27	51.43	48.44	5.31	-0.18	0.27
	最大叶长/cm	63.24	67.33	65.26	2.57	0.09	1.33
	最大叶宽/cm	26.79	28.33	27.62	3.01	-0.06	-5.65
	填充值/(cm³/g)	4.98	6.44	5.56	11.24	1.35	2.41
	叶厚/mm	0.04	0.06	0.05	8.16	0.13	-4.77
	拉力/N	1.09	1.38	1.22	9.86	0.72	1.50
C3F	单叶重/g	10.03	11.01	10.52	4.50	0.93	-4.62
	含梗率/%	27.34	29.63	28.42	3.56	0.29	-2.03
	叶质重/(g/cm²)	37.54	41.95	39.91	4.61	-0.50	0.72
	最大叶长/cm	65.28	69.35	67.20	2.60	0.32	-0.79
	最大叶宽/cm	23.64	25.19	24.59	2.71	-1.38	2.33
	填充值/(cm³/g)	4.37	5.12	4.61	7.55	1.68	2.74
	叶厚/mm	0.03	0.05	0.04	6.22	-0.32	-3.03
	拉力/N	1.04	1.28	1.17	9.57	-0.22	-3.61

注：表中变异系数列单位为%，偏度系数和峰度系数无单位。

　　四川达州白肋烟的 B2F 烟叶填充值变异系数最小，填充值平均值为 5.15cm³/g；叶厚和单叶重指标的变异系数较大，分别为 15.28% 和 14.63%。中部叶(C3F)最大叶长的变幅为 61.87～75.14cm，最大叶宽的变幅为 23.71～38.22cm(表 1-11)。整体来说，四川达州白肋烟烟叶的单叶重、叶质重和叶厚均偏小。

表 1-11 四川达州白肋烟物理特性分析

等级	指标	最小值	最大值	平均值	变异系数	偏度系数	峰度系数
B2F	单叶重/g	7.36	11.91	9.07	14.63	1.06	1.31
	含梗率/%	26.79	37.50	33.24	9.86	-0.74	0.42
	叶质重/(g/cm²)	37.74	52.17	44.97	11.68	-0.24	-1.83
	最大叶长/cm	55.33	70.33	59.96	7.86	1.35	1.55
	最大叶宽/cm	22.33	29.67	25.81	10.48	-0.80	0.90
	填充值/(cm³/g)	4.69	5.76	5.15	7.47	0.56	-1.04
	叶厚/mm	0.04	0.06	0.05	15.28	-0.15	-1.76
	拉力/N	1.06	1.51	1.31	10.12	-0.07	0.28
C3F	单叶重/g	7.39	11.77	9.46	15.02	0.31	-1.14
	含梗率/%	25.15	35.56	29.40	11.36	0.52	-0.34
	叶质重/(g/cm²)	27.52	40.28	33.89	14.79	0.03	-1.93
	最大叶长/cm	61.87	75.14	67.81	7.77	0.26	-1.67
	最大叶宽/cm	23.71	38.22	30.41	15.17	0.77	0.26
	填充值/(cm³/g)	4.01	5.20	4.51	9.27	0.57	-0.83
	叶厚/mm	0.03	0.05	0.04	15.11	-0.01	-1.63
	拉力/N	1.01	1.49	1.24	10.94	0.05	0.53

注：表中变异系数列单位为%，偏度系数和峰度系数无单位。

　　重庆万州白肋烟的 B2F 烟叶最大叶长的变幅为 56.30～64.67cm，变异系数最小；单叶重的变幅为 7.88～14.11g，平均值为 11.15g，变异系数最大，其余指标的变异系数均较小，物理特性较为稳定（表 1-12）。中部叶（C3F）的最大叶长变幅为 64.20～73.08cm，平均值为 68.10cm；单叶重的变幅为 8.94～14.17g，平均值为 10.76g。单叶重、含梗率、最大叶宽和叶厚的峰度系数大于 0，为尖峭峰，说明数据大多集中在平均值附近。

表 1-12　重庆万州白肋烟物理特性分析

等级	指标	最小值	最大值	平均值	变异系数	偏度系数	峰度系数
B2F	单叶重/g	7.88	14.11	11.15	19.07	−0.14	−0.48
	含梗率/%	27.49	37.60	33.11	8.90	−0.52	1.73
	叶质重/(g/cm^2)	36.15	50.02	45.13	11.13	−1.13	−0.01
	最大叶长/cm	56.30	64.67	61.66	4.71	−1.05	0.30
	最大叶宽/cm	22.33	26.67	24.33	7.03	0.23	−1.61
	填充值/(cm^3/g)	4.32	6.48	5.45	12.54	−0.08	−0.11
	叶厚/mm	0.04	0.06	0.05	8.33	0.58	0.13
	拉力/N	1.02	1.64	1.38	13.64	−0.84	1.17
C3F	单叶重/g	8.94	14.17	10.76	16.22	1.07	0.92
	含梗率/%	26.22	34.44	30.02	8.21	0.36	0.76
	叶质重/(g/cm^2)	28.43	40.23	34.00	13.91	0.26	−1.94
	最大叶长/cm	64.20	73.08	68.10	4.64	0.33	−1.15
	最大叶宽/cm	24.72	30.54	26.80	7.13	1.15	0.96
	填充值/(cm^3/g)	4.06	5.26	4.73	8.48	−0.47	−0.37
	叶厚/mm	0.03	0.05	0.04	11.08	1.49	2.09
	拉力/N	1.04	1.47	1.31	11.46	−1.01	−0.05

注：表中变异系数列单位为%，偏度系数和峰度系数无单位。

　　由表 1-13 得知，云南大理白肋烟 B2F 烟叶的单叶重为 8.20～17.80g，平均值为 11.06g，变异系数以单叶重最大。除单叶重和最大叶长的峰度系数大于 0 外，其他指标的峰度系数均小于 0，为平阔峰，数据较分散。中部叶（C3F）的最大叶长变幅为 55.31～73.41cm，平均值为 65.48cm，变异系数以叶厚的最高，为 15.99%，其他指标均保持在较低的水平，说明云南大理白肋烟 C3F 烟叶的物理特性比较稳定。

表 1-13　云南大理白肋烟物理特性分析

等级	指标	最小值	最大值	平均值	变异系数	偏度系数	峰度系数
B2F	单叶重/g	8.20	17.80	11.06	26.05	1.28	1.48
	含梗率/%	25.54	32.58	29.08	8.21	−0.37	−1.00
	叶质重/(g/cm^2)	41.47	70.01	56.82	16.03	−0.56	−0.59
	最大叶长/cm	54.67	72.00	61.11	8.43	0.77	0.13

续表

等级	指标	最小值	最大值	平均值	变异系数	偏度系数	峰度系数
B2F	最大叶宽/cm	20.37	38.42	30.41	16.84	-0.41	-0.08
	填充值/(cm³/g)	4.38	6.34	5.39	12.20	-0.02	-1.24
	叶厚/mm	0.05	0.07	0.06	10.51	0.45	-1.40
	拉力/N	1.29	1.68	1.50	7.79	-0.11	-0.29
C3F	单叶重/g	8.80	13.64	10.91	14.14	0.68	-0.54
	含梗率/%	21.38	33.74	29.03	12.18	-0.91	0.52
	叶质重/(g/cm²)	40.95	58.44	48.72	9.58	0.68	0.76
	最大叶长/cm	55.31	73.41	65.48	8.15	-0.34	-0.36
	最大叶宽/cm	23.06	37.44	31.78	14.32	-0.53	-0.66
	填充值/(cm³/g)	4.43	6.41	5.52	11.95	-0.07	-1.06
	叶厚/mm	0.04	0.06	0.05	15.99	0.23	-1.57
	拉力/N	1.02	1.53	1.29	12.49	-0.57	-0.52

注：表中变异系数列单位为%，偏度系数和峰度系数无单位。

综上所述，重庆万州和云南大理烟叶的各项指标均在适宜范围内，物理特性较佳。湖北恩施、重庆万州和云南大理烟叶的单叶重差异不大，而四川达州的烟叶单叶重平均值在 10g 以下，说明四川达州的烟叶单叶重较小，叶片偏薄，这是多方面因素造成的。在实际生产中，应对四川达州主栽品种达白 1 号适当留叶，保持留叶数 22～24 片，适时打顶，避免留叶数过多；主栽品种达白 1 号耐水肥，增产潜力大，因此要增加有机肥用量，提高土壤肥力，并根据烟叶对养分的吸收和积累规律及时增加追肥，做到肥料深施，减少养分淋失，充分发挥肥料效益，促进叶片开展和物质积累；适熟采收，避免过晚采收。

2. 不同产区白肋烟物理特性的聚类分析

将国内产区 34 个取样点的样品按照物理特性进行聚类分析，可分为三类(图 1-2)，第 I 类包括 20 个取样点，分别为响水 1、普子 3、普子 4、鸡坪关 1、黄坪、炼洞、太和、朵美、州城、三宝庄 2、鸡坪关 2、桃花坪、武胜、野鸭、凤凰、玄祖、巴东 1、巴东 2、建始 1 和建始 2；第 II 类包括 10 个取样点，分别为响水 2、响水 3、响水 4、普子 1、普子 2、天宝、乘龙、龙井、高寺和茶子；第 III 类包括 4 个取样点，分别为云南大理的力角 1、力角 2、力角 3 和三宝庄 1。

由表 1-14 可以看出，第 I 类的各项物理特性指标均处于适宜范围，第 II 类的最大叶长、最大叶宽最大，而叶厚、填充值、拉力和叶质重又最小；第 III 类的样品全部来自云南大理，其最大叶长和最大叶宽较小，含梗率和叶厚较大，说明叶片偏厚，物理特性较差。

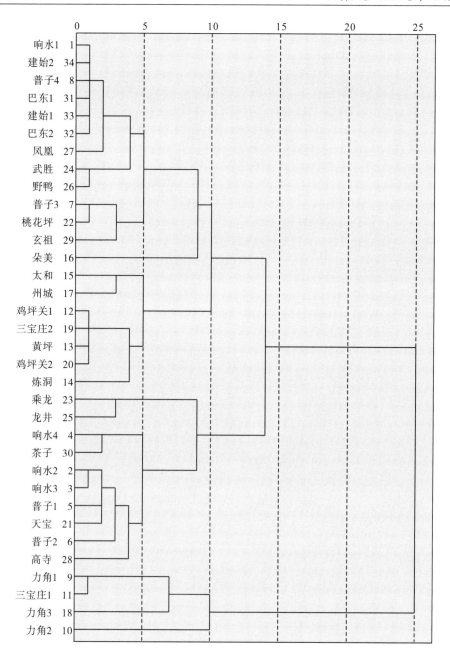

图 1-2　不同产区白肋烟 C3F 烟叶物理特性的聚类分析树状图

表 1-14　三类样品各物理特性的描述性统计

类别	指标	最大叶长 /cm	最大叶宽 /cm	单叶重 /g	含梗率 /%	叶厚 /mm	填充值 /(cm³/g)	拉力 /N	叶质重 /(g/cm²)
第 I 类	最小值	61.87	23.64	7.39	21.38	0.03	4.04	1.02	35.34
	最大值	73.41	37.44	13.22	35.56	0.06	6.41	1.53	48.33
	平均值	67.02	29.10	10.07	29.22	0.04	4.96	1.26	41.93
	标准差	3.32	4.44	1.43	3.27	0.01	0.69	0.15	4.04

续表

类别	指标	最大叶长/cm	最大叶宽/cm	单叶重/g	含梗率/%	叶厚/mm	填充值/(cm³/g)	拉力/N	叶质重/(g/cm²)
第Ⅱ类	最小值	63.58	25.46	8.48	25.32	0.03	4.01	1.01	27.52
	最大值	75.14	38.22	14.17	33.12	0.05	5.20	1.47	33.67
	平均值	69.92	30.06	10.96	29.40	0.04	4.66	1.24	30.12
	标准差	3.91	4.71	1.57	2.47	0.01	0.41	0.16	2.00
第Ⅲ类	最小值	55.31	23.06	8.80	24.77	0.04	4.72	1.29	49.45
	最大值	62.19	36.24	13.64	32.26	0.06	6.38	1.47	58.44
	平均值	59.45	28.89	10.69	29.48	0.05	5.50	1.38	53.84
	标准差	2.98	5.48	2.08	3.33	0.01	0.77	0.08	3.75

1.2.3　常规化学成分

烟叶的常规化学成分通常被认为是评价烟叶质量好坏的重要指标之一。优质白肋烟不仅要求各种化学成分含量适宜，而且要求各成分之间的比例要协调，通常用来衡量质量的常规化学成分指标包括还原糖、总氮、烟碱、氯等。优质白肋烟的常规化学成分适宜范围见表 1-15。

表 1-15　优质白肋烟的常规化学成分适宜范围

成分	适宜范围	成分	适宜范围
总糖/%	1.0～2.5	氯/%	0.3～0.6
还原糖/%	<1.0	钾/%	2.0～3.75
总氮/%	3.0～4.0	氮碱比	1.0～2.0
烟碱/%	2.5～4.5	钾氯比	4.0～10.0

（1）总糖和还原糖。白肋烟属晾烟类，晾制时间长，糖类物质消耗多，总糖和还原糖含量均较低，一般总糖含量为 1.0%～2.5%，还原糖含量不超过 1%。

（2）总氮。白肋烟总氮含量为 3.0%～4.0%。如果含氮量太高，则烟气辛辣味苦，刺激性强烈；若含氮量太低，则烟气平淡无味。

（3）烟碱。白肋烟烟碱的含量以 2.5%～4.5%较适宜。若烟碱含量过低，则劲头小，吸食淡而无味，不具白肋烟特征香；若烟碱含量过高，则劲头大，使人有呛刺不悦之感。白肋烟烟碱含量受叶位和叶数影响较大，此外，品种、肥料、土壤、气候条件等均对烟碱含量有不同程度的影响。

（4）钾和氯。烟叶钾含量对烟叶品质有着重要的影响，它对提高烟叶的燃烧性和持火力、提高烟叶弹性、改善烟叶光泽都有重要作用。与钾相关的是烟叶的含氯量，当烟叶的含氯量大于 1%时，则烟叶吸湿性强，填充能力差，易熄火，通常在我国北方产区表现得较为突出；当含氯量小于 0.3%时，烟叶吸湿性变差，弹性下降。通常认为烟叶氯含量以 0.3%～0.6%为宜。

(5) 氮碱比(总氮/烟碱)。总氮与烟碱的含量比较接近,两者的比值与烟叶成熟过程中氮转化为烟碱的程度有关。白肋烟的总氮含量比烟碱含量稍大,总氮含量与烟碱含量比值以 1.0~2.0 为宜。当比值增大时,烟叶成熟不佳,烟气的香味减少;当比值低于 1时,烟味转浓,但刺激性加重。因此,协调适宜的氮碱比是提高白肋烟品质的关键。

(6) 钾氯比(钾/氯)。优质白肋烟钾含量>2.0%,氯含量<0.8%。若烟叶氯含量>1.0%,烟叶燃烧速度变慢;氯含量>1.5%,显著阻燃;氯含量>2.0%,黑灰熄火。当钾氯比>1时烟叶不熄火,钾氯比>2 时燃烧性好。钾氯比越大,烟叶的燃烧性越好,适宜的钾氯比为 4.0~10.0。

1. 不同产区白肋烟常规化学成分状况分析

湖北恩施白肋烟上部叶(B2F)烟叶的总氮、钾、氯和钾氯比的平均值多在优质白肋烟适宜范围,烟碱含量偏高,而总糖、氮碱比较低(表 1-16)。湖北恩施白肋烟中部叶(C3F)烟叶的总氮、钾、氯、钾氯比和烟碱等多在优质白肋烟的适宜范围。

表 1-16　湖北恩施不同产区白肋烟常规化学成分分析

等级	取样点	品种	总糖/%	还原糖/%	总氮/%	烟碱/%	钾/%	氯/%	氮碱比	钾氯比
B2F	巴东 1		0.52	0.30	3.07	4.49	2.59	0.51	0.68	5.08
	巴东 2		0.49	0.31	3.51	4.44	3.91	0.67	0.79	5.84
	建始 1	鄂烟 1 号	0.44	0.23	3.43	5.76	3.46	0.59	0.60	5.86
	建始 2		0.58	0.35	3.97	4.98	3.05	0.64	0.80	4.77
	平均值		0.51	0.30	3.50	4.92	3.25	0.60	0.72	5.39
C3F	巴东 1		0.63	0.34	3.05	4.06	3.48	0.36	0.75	9.67
	巴东 2		0.52	0.32	3.42	4.11	3.19	0.61	0.83	5.23
	建始 1	鄂烟 1 号	0.65	0.35	3.02	4.39	4.10	0.41	0.69	10.00
	建始 2		0.73	0.43	3.19	3.99	3.76	0.54	0.80	6.96
	平均值		0.63	0.36	3.17	4.14	3.63	0.48	0.77	7.97

四川达州白肋烟上部叶(B2F)和中部叶(C3F)的总氮、钾、还原糖、钾氯比的平均值均处于适宜范围,烟碱含量偏高,总糖、氮碱比含量较低(表 1-17)。各常规化学成分中,总氮的变异系数最小。就反映分布形态的偏度系数而言,大多为右偏,且多数偏度系数的绝对值都小于 1,说明数据分布形态的偏斜程度较小。多数峰度系数都大于 0,为尖峭峰,说明数据大多集中在平均值附近。

表 1-17　四川达州白肋烟常规化学成分的描述统计分析

等级	指标	最小值	最大值	平均值	变异系数	偏度系数	峰度系数
B2F	总糖/%	0.51	1.02	0.73	21.24	0.56	-0.83
	还原糖/%	0.26	0.78	0.43	23.92	1.21	0.58
	总氮/%	3.04	3.68	3.27	9.58	0.95	-0.35
	烟碱/%	2.92	6.77	5.67	17.20	1.01	2.46
	钾/%	2.10	3.49	2.94	12.54	-0.97	2.26

续表

等级	指标	最小值	最大值	平均值	变异系数	偏度系数	峰度系数
B2F	氯/%	0.29	1.09	0.52	26.37	0.05	-0.63
	氮碱比	0.48	1.06	0.61	11.86	0.51	0.65
	钾氯比	3.20	10.17	6.18	25.57	1.74	3.25
C3F	总糖/%	0.57	1.32	0.87	20.99	0.83	0.02
	还原糖/%	0.27	0.95	0.50	23.28	0.43	-0.11
	总氮/%	2.80	3.34	3.06	8.64	1.45	2.42
	烟碱/%	2.48	5.87	4.81	14.89	0.46	0.24
	钾/%	3.02	4.37	3.32	11.95	2.50	6.78
	氯/%	0.42	1.47	0.78	21.40	-0.43	-1.28
	氮碱比	0.49	1.24	0.67	16.01	-0.20	0.46
	钾氯比	2.17	7.64	4.78	22.37	0.51	-0.79

注：表中变异系数列单位为%，偏度系数和峰度系数无单位。

由表 1-18 可知，重庆万州白肋烟上部叶(B2F)的还原糖、总氮、钾、氯、钾氯比的平均值都处于适宜范围，但烟碱含量偏高，总糖和氮碱比较低；在烟叶常规化学成分的变异系数中，总氮的变异系数最小，氮碱比次之，比较稳定；钾氯比的变异系数最大。重庆万州白肋烟中部叶(C3F)的总糖、还原糖、总氮、烟碱、钾、氯和钾氯比的平均值均在优质白肋烟烟叶适宜范围，氮碱比较低；分布形态大多为右偏，除还原糖外，各偏度系数的绝对值均小于1，说明数据分布形态的偏斜程度不大；除还原糖和烟碱外，其他指标的峰度系数均小于0，为平阔峰，数据分散。

表 1-18　重庆万州白肋烟常规化学成分的描述统计分析

等级	指标	最小值	最大值	平均值	变异系数	偏度系数	峰度系数
B2F	总糖/%	0.63	1.12	0.82	20.07	0.44	-0.59
	还原糖/%	0.34	0.89	0.52	24.52	1.08	0.30
	总氮/%	2.99	3.41	3.22	3.96	-1.74	3.77
	烟碱/%	4.79	6.03	5.29	6.97	0.42	1.08
	钾/%	2.24	3.09	2.59	12.31	0.41	-1.17
	氯/%	0.39	0.65	0.52	19.07	-0.01	-1.61
	氮碱比	0.53	0.65	0.61	5.80	-0.55	3.18
	钾氯比	3.49	7.59	5.23	29.43	0.90	-0.51
C3F	总糖/%	0.87	1.46	1.12	8.02	0.30	-0.76
	还原糖/%	0.50	1.02	0.72	19.68	1.95	4.26
	总氮/%	2.91	3.39	3.11	6.12	-0.07	-1.12
	烟碱/%	3.35	5.97	4.29	9.73	-0.71	1.21
	钾/%	2.50	3.54	2.75	12.98	0.26	-1.86
	氯/%	0.24	1.03	0.45	34.28	0.65	-0.69
	氮碱比	0.52	0.95	0.76	12.44	-0.53	-0.42
	钾氯比	2.45	10.63	7.47	25.49	-0.30	-0.30

注：表中变异系数列单位为%，偏度系数和峰度系数无单位。

云南大理白肋烟上部叶(B2F)的总氮、钾、氯、氮碱比、还原糖、烟碱、钾氯比的平均值处于适宜范围，总糖含量较低(表1-19)。在烟叶常规化学成分的变异系数中，总氮的变异系数最小，钾氯比的变异系数最大。还原糖、总氮、钾、氯、氮碱比的峰度系数均大于0，为尖峭峰，说明数据大多集中在平均值附近，而其他指标的峰度系数均小于0，为平阔峰，数据较分散。云南大理白肋烟中部叶(C3F)的总氮、钾、氯、氮碱比、钾氯比、还原糖、烟碱的平均值处于适宜范围，总糖含量偏低。总糖、还原糖和氯的峰度系数都大于0，为尖峭峰，说明数据大多集中在平均值附近。

表 1-19　云南大理白肋烟常规化学成分的描述统计分析

等级	指标	最小值	最大值	平均值	变异系数	偏度系数	峰度系数
B2F	总糖/%	0.33	0.65	0.46	14.19	−0.16	−1.29
	还原糖/%	0.20	0.35	0.26	20.65	1.54	3.23
	总氮/%	3.09	4.01	3.42	8.02	0.79	0.40
	烟碱/%	2.58	5.25	3.54	20.23	0.20	−0.52
	钾/%	2.18	4.46	3.32	18.79	0.18	0.48
	氯/%	0.40	0.88	0.53	28.12	1.40	1.44
	氮碱比	0.67	1.44	1.02	27.30	1.29	1.62
	钾氯比	3.32	9.30	6.69	32.35	−0.29	−1.39
C3F	总糖/%	0.41	0.81	0.57	17.72	0.63	0.08
	还原糖/%	0.21	0.45	0.31	16.78	1.19	0.76
	总氮/%	2.59	3.37	3.03	5.72	−0.08	−0.44
	烟碱/%	2.30	5.07	2.95	25.80	0.78	−0.18
	钾/%	2.32	4.65	3.35	19.33	0.06	−0.28
	氯/%	0.37	1.26	0.54	22.38	1.22	1.57
	氮碱比	0.63	1.38	1.07	24.69	−0.05	−1.47
	钾氯比	2.93	10.00	6.88	27.81	−0.11	−1.90

注：表中变异系数列单位为%，偏度系数和峰度系数无单位。

2. 不同产区白肋烟常规化学成分的聚类分析

对37个取样点中部烟叶的常规化学成分进行系统聚类分析，结果表明，C3F烟叶的取样点可分为三大类(图1-3)：第Ⅰ类包括16个取样点，分别为巴东1、建始1、建始2、高寺、响水3、普子1、普子3、力角1、三宝庄1、黄坪、炼洞、太和、三宝庄2、鸡坪关2、美国1和马拉维；第Ⅱ类包括18个取样点，分别为巴东2、天宝、桃花坪、乘龙、武胜、野鸭、凤凰、玄祖、茶子、响水1、响水2、响水4、力角2、鸡坪关1、朵美、州城、力角3和美国2；第Ⅲ类包括3个取样点，分别为龙井、普子2和普子4。

三类取样点常规化学成分平均值的方差分析结果说明，不同类间常规化学成分存在明显的差异，除总糖、还原糖和总氮外，其他指标均存在显著差异(表1-20)。

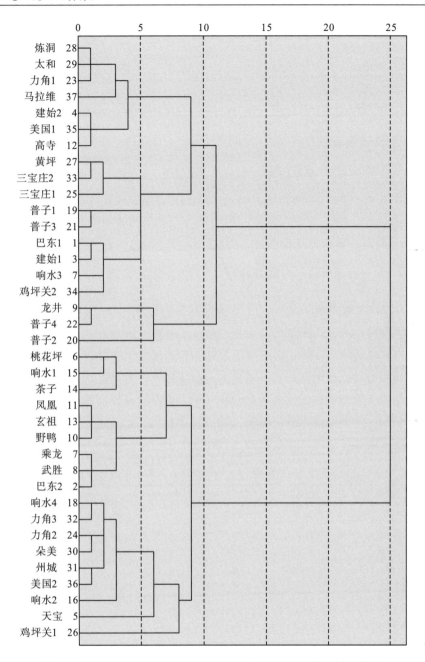

图 1-3　不同产区白肋烟 C3F 烟叶常规化学成分的聚类分析树状图

表 1-20　类间常规化学成分平均值的方差分析

指标	差异来源	平方和	df	均方	F 值	P 值
总糖	类间	0.135	2	0.068	0.960	0.393
还原糖	类间	0.092	2	0.046	1.022	0.371
总氮	类间	0.011	2	0.006	0.139	0.871
烟碱	类间	13.053	2	6.527	6.959	0.003
钾	类间	3.183	2	1.591	5.442	0.009

指标	差异来源	平方和	df	均方	F 值	P 值
氯	类间	1.064	2	0.532	11.849	0.000
氮碱比	类间	0.411	2	0.206	3.877	0.030
钾氯比	类间	165.159	2	82.579	59.917	0.001

1.2.4　中性香气物质

中性香气物质是构成烟叶风格特色和质量特征的重要因素，其组成十分复杂，不同地区白肋烟所含香气物质的种类基本相同，然而其含量却有所差异。为了便于分析不同地区白肋烟中性香气物质含量的差异，把中性香气物质按烟叶香气前体物进行分类，可分为类胡萝卜素类、芳香族氨基酸类、类西柏烷类、棕色化反应产物类和新植二烯。

1. 不同产区白肋烟中性香气物质特征

1）不同产区白肋烟类胡萝卜素类中性香气物质分析

类胡萝卜素类中性香气物质包括 β-大马酮、6-甲基-5-庚烯-2-酮、二氢猕猴桃内酯、香叶基丙酮、法尼基丙酮、巨豆三烯酮的 4 种同分异构体和 3-羟基-β-二氢大马酮等，其产生的香味阈值相对较低，但对烟叶香气质量的贡献率较大。烟叶在醇化过程中，类胡萝卜素类降解后可生成一系列的挥发性芳香化合物，对卷烟吸食品质有重要影响。四川达州和重庆万州白肋烟的类胡萝卜素类各中性香气物质含量较为接近，可能与两产区的生态条件较相似有关，美国烟叶样品含有丰富的巨豆三烯酮类（表 1-21）。

表 1-21　不同产区白肋烟 C3F 烟叶类胡萝卜素类中性香气物质含量　　（单位：μg/g）

中性香气物质	湖北恩施	四川达州	重庆万州	云南大理	美国	马拉维
芳樟醇	0.94	1.16	1.62	0.90	0.87	0.95
氧代异佛尔酮	0.11	0.17	0.10	0.09	0.18	0.06
β-二氢大马酮	0.97	1.74	1.23	0.97	0.78	0.50
β-大马酮	20.30	27.15	23.87	20.92	20.32	16.28
香叶基丙酮	7.28	4.92	4.42	3.99	9.53	4.02
β-紫罗兰酮	0.50	0.40	0.31	0.44	1.01	0.33
二氢猕猴桃内酯	1.12	1.33	1.26	1.21	0.79	0.65
巨豆三烯酮 1	5.72	6.61	6.38	4.88	15.39	5.75
巨豆三烯酮 2	29.90	33.71	32.17	22.66	77.86	27.09
巨豆三烯酮 3	4.41	6.03	5.78	9.87	10.29	4.70
3-羟基-β-二氢大马酮	8.05	5.13	3.39	6.24	0.63	2.09
巨豆三烯酮 4	23.24	32.42	29.66	22.33	52.49	21.77
螺岩兰草酮	1.78	1.95	2.25	1.78	0.78	1.05
法尼基丙酮	28.49	18.28	16.20	19.37	16.63	14.84
6-甲基-5-庚烯-2-酮	1.30	1.03	1.39	0.81	1.11	2.64
6-甲基-5-庚烯-2-醇	1.42	0.84	0.62	0.90	0.79	2.23
小计	135.53	142.87	130.65	117.36	209.45	104.95

2) 不同产区白肋烟芳香族氨基酸类中性香气物质分析

芳香族氨基酸类中性香气物质主要包括苯甲醇、苯乙醇、苯甲醛、苯乙醛等,对烟叶的香气具有良好的影响,尤其对果香、清香的贡献较大。在烟叶的挥发油中,最重要的化合物是苯甲醇和苯乙醇,它们可提升烟气中的花香香味。由于生态条件相似,四川达州和重庆万州白肋烟芳香族氨基酸类各中性香气物质含量较为接近。芳香族氨基酸类中性香气物质含量以重庆万州和四川达州最高,其次为云南大理和湖北恩施的烟叶样品,美国烟叶的含量最低。国内各产区烟叶的苯甲醇和苯乙醇含量均高于美国和马拉维的烟叶,美国烟叶中苯甲醇和苯乙醇含量仅为 1.71μg/g 和 4.76μg/g(表 1-22)。

表 1-22　不同产区白肋烟 C3F 烟叶芳香族氨基酸类中性香气物质含量　　　(单位:μg/g)

中性香气物质	湖北恩施	四川达州	重庆万州	云南大理	美国	马拉维
苯甲醛	1.71	2.60	2.64	2.20	2.24	2.60
苯甲醇	6.49	6.60	7.41	6.94	1.71	5.99
苯乙醛	34.11	44.21	43.57	34.16	17.60	27.01
苯乙醇	8.93	12.90	14.15	11.95	4.76	6.91
小计	51.24	66.31	67.77	55.25	26.31	42.51

3) 不同产区白肋烟类西柏烷类中性香气物质分析

类西柏烷类中性香气物质主要包括茄酮,其是烟叶中重要的致香前体物,降解后可形成多种醛、酮等香气物质,这与白肋烟叶的腺毛分泌物含量有关,腺毛分泌物多少取决于腺毛密度和单个腺毛的分泌能力。重庆万州烟叶样品的茄酮含量最高,明显高于国内外其他产区的白肋烟(表 1-23)。

表 1-23　不同产区白肋烟 C3F 烟叶类西柏烷类中性香气物质含量　　　(单位:μg/g)

中性香气物质	湖北恩施	四川达州	重庆万州	云南大理	美国	马拉维
茄酮	93.92	108.74	155.33	103.38	98.10	111.60
4-乙烯基-2-甲氧基苯酚	0.13	0.12	0.17	0.07	0.08	0.16
小计	94.05	108.86	155.50	103.45	98.18	111.76

4) 不同产区白肋烟棕色化反应产物类中性香气物质分析

棕色化反应产物类中性香气物质包括糠醛、糠醇、5-甲基糠醛、3,4-二甲基-2,5-呋喃二酮、2-乙酰基呋喃和 2-乙酰基吡咯等成分,其中多种物质具有特殊的香味。重庆万州和四川达州的棕色化反应产物类中性香气物质含量较高,明显高于其他产区(表 1-24)。

表 1-24　不同产区白肋烟 C3F 烟叶棕色化反应产物类中性香气物质含量　　　(单位:μg/g)

中性香气物质	湖北恩施	四川达州	重庆万州	云南大理	美国	马拉维
糠醛	6.30	16.18	22.70	11.30	4.44	7.13
糠醇	2.75	2.77	3.64	2.68	1.54	3.23
2-乙酰基呋喃	0.25	0.38	0.51	0.28	0.61	0.46

中性香气物质	湖北恩施	四川达州	重庆万州	云南大理	美国	马拉维
5-甲基糠醛	2.47	2.70	2.88	2.43	2.25	2.81
3,4-二甲基-2,5-呋喃二酮	0.90	0.65	0.82	0.44	0.92	2.21
2-乙酰基吡咯	0.22	0.21	0.19	0.13	0.09	0.09
小计	12.89	22.89	30.74	17.26	9.85	15.93

5）不同产区白肋烟新植二烯分析

新植二烯是烟草中叶绿素的降解产物之一，它能增进烟叶的吃味和香气，有一种弱的令人愉悦的气味，同时它又可降解转化形成其他香气物质。不同产区的新植二烯含量差异较大，这是产区间中性香气物质总量差异较大的重要原因。四川达州样品的新植二烯含量最高，其次为重庆万州，国外产区的新植二烯含量较低，特别是马拉维的烟叶，新植二烯含量仅为258.22μg/g（表1-25）。

表1-25　不同产区白肋烟C3F烟叶新植二烯含量　　　　　　　　（单位：μg/g）

中性香气物质	湖北恩施	四川达州	重庆万州	云南大理	美国	马拉维
新植二烯	822.31	1121.35	1071.23	911.51	585.69	258.22

2. 不同产区白肋烟中性香气物质的聚类分析

采用聚类分析对六大产区的中性香气物质（类胡萝卜素类、芳香族氨基酸类、类西柏烷类、棕色化反应产物类、新植二烯和中性香气物质总量）进行系统聚类，获得了较为满意的数值聚类效果（图1-4）。六大产区白肋烟中性香气物质经聚类分析可分为三类：第Ⅰ类为湖北恩施、云南大理和美国；第Ⅱ类为四川达州和重庆万州，这与前面研究一致，这两个产区白肋烟的中性香气物质含量及比例较为接近；第Ⅲ类为马拉维产区，该产区烟叶中类胡萝卜素类降解产物和新植二烯含量最低。

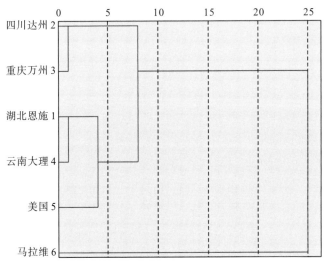

图1-4　不同产区白肋烟中性香气物质的聚类分析树状图

总体来看，各产区白肋烟 C3F 烟叶的各类中性香气物质之间差异显著。中性香气物质总量以四川达州和重庆万州两产区较高，除新植二烯外的总量以重庆万州、美国和四川达州烟叶样品较高。

1.2.5 感官评吸

烟叶的感官评吸是指烟叶燃烧时，吸烟者对香气、吃味的综合感受。将白肋烟不同样品的烟叶在正常晾制后取混合样卷制成单料烟进行感官评吸，按照风格程度、香气质、香气量、浓度、杂气、刺激性、余味、劲头、燃烧性和灰色 10 项指标对烟叶的感官质量进行评价。

1. 湖北恩施白肋烟感官评吸分析

湖北恩施白肋烟中部和上部烟叶均以建始感官评吸得分较高，巴东得分较低。特别是B2F 烟叶，巴东的两个取样点得分较低，分别为 51.0 分和 53.8 分，这与巴东烟叶样品烟碱转化率有关，烟叶降烟碱含量偏高，直接影响评吸结果，该地区烟叶风格程度"有"，香气质较差，香气量不足，有刺激性，降烟碱味明显（表 1-26）。总体来说，湖北恩施白肋烟香型风格为白肋型，风格程度"有—较显著"，香气量"有—尚足"，浓度"中等—较浓"，劲头"中等—较大"，杂气"有—略重"，刺激性"有—略大"，余味"微苦—尚舒适"。感官质量以建始白肋烟较好，白肋烟中部烟叶质量档次为"较好"，上部烟叶为"中偏上"。

表 1-26 湖北恩施白肋烟感官评吸得分 （单位：分）

等级	取样点	品种	风格程度(10)	香气质(10)	香气量(10)	浓度(10)	杂气(10)	刺激性(10)	余味(10)	劲头(10)	燃烧性(5)	灰色(5)	总分(90)
B2F	巴东 1	鄂烟 1 号	5.0	5.0	6.0	5.5	4.5	5.5	5.0	6.0	4.5	4.0	51.0
	巴东 2		6.8	6.5	6.0	5.0	5.0	5.5	4.5	5.5	5.0	4.0	53.8
	建始 1		7.5	6.8	7.0	6.0	6.0	5.5	5.0	6.0	4.5	4.0	58.3
	建始 2		7.0	7.0	6.5	6.1	5.5	6.0	4.5	5.5	5.0	4.0	57.1
C3F	巴东 1	鄂烟 1 号	6.5	6.0	7.0	6.2	5.8	6.0	5.8	6.8	4.5	4.0	58.6
	巴东 2		6.0	7.0	6.5	6.0	5.5	5.0	6.0	5.5	5.0	3.5	56.0
	建始 1		7.5	6.8	6.5	6.2	6.2	6.0	6.0	6.5	4.5	4.0	60.2
	建始 2		7.0	6.5	5.5	6.5	5.5	5.5	6.2	5.0	5.0	4.0	56.7

2. 四川达州白肋烟感官评吸分析

四川达州白肋烟 B2F 和 C3F 烟叶均以天宝烟叶得分较低，这是由于其种植的鄂烟 1号为未改良品种，烟碱转化率高，导致评吸时有降烟碱味，风格程度不显著，香气质差，杂气重（史宏志等，2007a）。其他地区种植的达白系列表现较好，评吸得分较为一致，且风格突出，香气量尚足，劲头较大。整体来说，四川白肋烟香型风格为白肋型，风格程度

"较显著"，香气量"有—尚足"，浓度"中等—较浓"，劲头"中等—较大"，杂气"有—较轻"，刺激性"有"，余味"尚舒适"，工业可用性"较强"（表 1-27）。综合评价，四川达州白肋烟感官质量为"较好"。

表 1-27　四川达州白肋烟感官评吸得分　　　　　　（单位：分）

等级	取样点	品种	风格程度 (10)	香气质 (10)	香气量 (10)	浓度 (10)	杂气 (10)	刺激性 (10)	余味 (10)	劲头 (10)	燃烧性 (5)	灰色 (5)	总分 (90)
B2F	天宝	鄂烟 1 号	6.0	5.5	7.5	6.2	5.2	6.0	5.6	6.5	4.5	4.0	57.0
	桃花坪		7.5	6.0	7.1	6.5	6.5	5.0	6.0	5.5	4.5	4.0	58.6
	乘龙		7.8	6.8	6.5	6.3	6.5	6.0	6.0	6.5	4.5	4.0	60.9
	武胜	达白 1 号	7.6	6.8	7.5	6.5	6.2	5.8	5.88	6.2	4.5	4.0	60.9
	龙井		7.6	6.7	6.5	6.2	6.5	5.8	6.0	6.5	4.5	4.0	60.0
	野鸭		7.5	6.8	5.6	6.5	6.5	5.8	6.0	6.5	4.5	4.0	59.7
	凤凰		7.5	7.0	5.6	6.3	6.5	6.0	6.0	6.5	4.5	4.0	59.9
	高寺		7.5	7.0	6.1	6.3	6.5	5.8	6.0	6.5	4.5	4.0	60.2
	玄祖	达白 2 号	7.5	7.0	6.5	6.2	6.5	5.8	6.0	6.6	4.5	4.0	60.6
	茶子		7.5	6.8	6.5	6.2	5.6	5.8	5.9	6.5	4.5	4.0	59.7
C3F	天宝	鄂烟 1 号	5.8	5.5	7.4	6.5	5.0	6.0	5.5	6.5	4.5	4.0	56.7
	桃花坪		7.5	6.0	7.3	6.5	6.5	5.5	6.0	5.8	4.5	4.0	59.6
	乘龙		8.0	7.0	7.0	6.0	6.5	5.5	6.0	6.5	4.5	4.0	61.0
	武胜	达白 1 号	8.0	7.0	7.2	6.5	6.5	6.0	6.0	6.5	4.5	4.0	62.2
	龙井		7.5	6.5	5.5	6.0	6.2	5.8	5.6	6.5	4.2	4.0	57.8
	野鸭		7.0	6.0	5.5	6.2	6.0	6.0	5.8	5.5	4.5	4.0	56.5
	凤凰		7.3	7.0	5.8	6.3	6.5	6.0	6.0	6.5	4.5	4.0	59.9
	高寺		7.5	7.0	6.3	6.3	6.5	6.0	6.0	6.8	4.5	4.0	60.9
	玄祖	达白 2 号	7.0	6.8	7.5	6.0	6.0	5.6	6.0	6.5	4.5	4.0	59.9
	茶子		7.6	7.0	7.5	6.5	6.5	6.0	6.0	7.0	4.5	4.0	62.6

3. 重庆万州白肋烟感官评吸分析

重庆万州白肋烟 B2F 和 C3F 烟叶得分均小于 60 分，从取样点来看，响水烟叶样品的感官评吸得分整体低于普子，这可能与响水品种退化或品种烟碱转化率突出有关。普子样品的烟碱转化率低，其香气质好，烟气浓度高，劲头适中，余味舒适，而品种烟碱转化率较高的响水，白肋烟风格程度下降，香气质较差，杂气较重，降烟碱味明显。此外，在所评价的样品中，凡是烟碱转化率明显升高的样品，香气质均变劣，香气量较少，杂气加重，降烟碱味明显，在烟碱含量偏低的烟叶样品中更为突出，由此可见，对重庆万州主栽品种进行烟碱转化性状的改良十分必要。整体来说，重庆万州白肋烟的香型风格为白肋型和地方晾晒型，风格程度"有—较显著"，香气量"有"，浓度"中等—较浓"，劲头"中等—较大"，杂气"有—略重"，刺激性"有—略大"，余味"微苦—尚舒适"（表 1-28）。

表 1-28　重庆万州白肋烟感官评吸得分　　　　　　（单位：分）

等级	取样点	品种	风格程度 (10)	香气质 (10)	香气量 (10)	浓度 (10)	杂气 (10)	刺激性 (10)	余味 (10)	劲头 (10)	燃烧性 (5)	灰色 (5)	总分 (90)
B2F	响水	鄂烟 5 号	6.0	6.0	6.5	6.5	5.6	6.0	5.8	6.2	4.5	4.0	57.1
	响水	鄂烟 6 号	5.5	5.8	7.2	6.5	5.5	5.8	5.6	6.5	4.5	4.0	56.9
	响水	鄂烟 3 号	6.0	6.0	7.0	6.3	5.5	6.0	5.8	6.5	4.5	4.0	57.6
	响水	鄂烟 1 号	5.5	5.8	7.0	6.5	5.5	5.6	5.6	6.5	4.5	4.0	56.5
	普子	鄂烟 5 号	7.0	6.5	5.8	6.2	6.0	6.0	6.0	6.5	4.5	4.0	58.5
	普子	鄂烟 6 号	6.8	6.3	5.6	6.3	6.2	5.8	6.0	6.5	4.5	4.0	58.0
	普子	鄂烟 3 号	6.8	6.5	5.8	6.3	6.0	5.8	6.0	6.0	4.5	4.0	57.7
	普子	鄂烟 1 号	6.0	6.5	5.8	6.3	6.0	6.0	5.8	6.0	4.5	4.0	56.9
C3F	响水	鄂烟 5 号	5.0	5.0	7.0	6.2	5.6	6.0	5.8	6.6	4.5	4.0	55.7
	响水	鄂烟 6 号	5.0	5.0	7.0	6.3	5.0	6.0	5.5	6.8	4.5	4.0	55.1
	响水	鄂烟 3 号	5.0	5.5	7.0	6.2	5.0	6.0	6.0	7.0	4.5	4.0	56.2
	响水	鄂烟 1 号	5.0	5.5	6.5	6.2	5.0	5.6	5.5	7.0	4.5	4.0	54.8
	普子	鄂烟 5 号	5.5	6.0	6.2	6.5	5.0	5.8	5.6	7.0	4.5	4.0	56.1
	普子	鄂烟 6 号	7.0	6.5	5.3	6.3	6.0	5.6	5.8	6.0	4.5	4.0	57.0
	普子	鄂烟 3 号	5.5	5.6	5.6	6.3	5.5	6.0	5.6	6.3	4.5	4.0	54.6
	普子	鄂烟 1 号	6.5	6.3	5.5	6.3	5.8	6.0	5.8	6.2	4.5	4.0	56.9

4. 云南大理白肋烟感官评吸分析

云南大理白肋烟的感官评吸结果如表 1-29 所示，B2F 烟叶以朵美总分最高，其次是炼洞、力角(TN90)和黄坪，总分均不低于 60 分；三宝庄(TN86)烟叶评吸总分最低，仅为 49.0 分。C3F 烟叶以炼洞分数最高，为 62.6 分，其次是力角(YNBS1)和三宝庄(TN90)，得分分别为 62.5 分和 61.9 分。总体来说，朵美、炼洞和力角烟叶样品表现较优，烟叶香气质好，香气量和浓度较高，余味舒适；三宝庄、州城和鸡坪关烟叶样品质量相对偏低，香气量少，烟气浓度低，风格特征不明显，杂气较重，燃烧性不良，除与生态条件有关外，可能还与烟田营养失调、水分亏缺、长势失常、品种退化等因素导致烟叶未能充分发挥质量潜力有关。

表 1-29　云南大理白肋烟感官评吸得分　　　　　　（单位：分）

等级	取样点	品种	风格程度 (10)	香气质 (10)	香气量 (10)	浓度 (10)	杂气 (10)	刺激性 (10)	余味 (10)	劲头 (10)	燃烧性 (5)	灰色 (5)	总分 (90)
B2F	力角	YNBS1	5.5	5.8	5.9	6.0	5.0	6.0	5.0	5.5	4.5	4.0	53.2
	力角		6.0	6.0	6.0	6.0	5.5	6.0	6.0	6.5	3.5	4.0	55.5
	三宝庄		6.5	6.5	5.0	3.5	5.5	6.5	6.0	5.0	1.5	3.0	49.0
	鸡坪关	TN86	6.5	6.0	6.0	6.5	5.8	6.0	5.8	6.0	4.0	4.0	56.6
	黄坪		7.0	7.0	5.8	6.2	6.5	6.5	6.5	6.5	4.0	4.0	60.0
	炼洞		7.0	7.0	6.0	6.6	6.8	6.5	6.6	6.0	4.5	4.0	61.0

等级	取样点	品种	风格程度 (10)	香气质 (10)	香气量 (10)	浓度 (10)	杂气 (10)	刺激性 (10)	余味 (10)	劲头 (10)	燃烧性 (5)	灰色 (5)	总分 (90)
B2F	太和	TN86	7.0	7.0	6.2	6.0	6.3	6.0	6.0	7.0	4.0	4.0	59.5
	朵美	TN86	7.5	7.5	6.1	7.0	7.0	6.5	7.0	7.0	5.0	4.5	65.1
	州城		5.5	6.0	5.3	5.0	5.5	6.3	6.0	6.0	3.0	3.5	52.1
	力角		7.5	7.0	6.0	6.5	6.5	6.0	6.5	6.5	4.5	4.0	61.0
	三宝庄	TN90	6.0	6.5	5.5	6.0	6.0	6.5	6.0	6.5	3.5	4.0	55.5
	鸡坪关		6.0	6.8	5.8	5.0	6.0	6.0	5.5	6.5	3.0	3.5	54.1
C3F	力角	YNBS1	7.5	7.0	7.0	7.0	6.5	6.0	6.5	6.5	4.5	4.0	62.5
	力角	TN86	6.0	5.8	5.8	6.5	6.0	6.5	6.0	6.5	4.5	4.0	57.1
	三宝庄		6.5	6.0	5.6	6.0	5.5	6.5	5.5	6.5	4.5	4.0	56.1
	鸡坪关		7.0	6.8	7.0	6.0	6.5	7.0	6.5	5.0	4.0	4.0	59.8
	黄坪		5.5	6.0	6.1	7.0	5.0	6.0	6.0	6.5	4.5	4.0	56.6
	炼洞		7.5	7.0	5.9	6.6	6.6	7.0	6.5	6.5	4.5	4.0	62.6
	太和		6.0	6.0	6.3	6.6	5.9	6.5	6.0	6.5	4.0	4.0	57.8
	朵美		7.0	7.0	6.3	6.2	6.8	7.0	6.5	6.5	4.0	4.0	60.9
	州城		6.5	7.0	6.1	6.3	6.2	6.0	6.5	7.0	4.0	4.0	59.6
	力角	TN90	7.0	7.5	6.0	5.5	6.5	6.5	6.0	7.0	3.5	4.0	59.5
	三宝庄		7.2	7.2	6.3	6.5	6.5	6.2	6.5	7.0	4.5	4.0	61.9
	鸡坪关		6.5	7.0	6.2	6.2	6.0	6.3	6.2	7.0	4.5	4.0	59.9

1.3 四川达州白肋烟风格特色及生态条件

四川达州位于 106.45°E～108.52°E，30.6°N～32.4°N，地处四川省东北部，大巴山南麓，北接陕西安康，东邻重庆万州。生态条件适宜，秋季降水量偏多，空气湿度较大，这对白肋烟生长发育与烟叶的晾制十分有利。除海拔 1200m 以上的地区外，达州大部分地区热量资源丰富，其热量分布与美国肯塔基州(世界上最优质的白肋烟产区)气候分布十分接近，能充分满足优质白肋烟形成的需要。四川达州白肋烟的多数中性香气物质、香气前体物及降解产物与美国优质白肋烟含量接近，且香气前体物降解比较充分，具有较高的发展潜力。通过在项目示范片区应用先进的栽培及晾制技术，并选取当地优良品种，烟叶的长势长相(株高、茎围、上部叶叶长和叶宽、中部叶叶长和叶宽、留叶数和单叶重)和内在品质已接近甚至达到国外优质白肋烟的标准。

为了进一步明确四川达州白肋烟风格特色及形成机理，认识四川达州白肋烟生产的生态优势和存在问题，充分发挥生态中的有利因素，消除和规避不利因素的影响，采取科学的农艺措施协调烟叶生长与环境的关系，实现烟叶的优质稳产，笔者于 2011 年在中国烟草总公司四川省公司开展"四川达州特色优质白肋烟开发"项目的研究，通过对产区生态数据的采集和烟叶风格特色的评价，明确了四川达州白肋烟的风格定位，建立了烟叶质量特色与生态条件的关系(吴疆，2014)。

1.3.1　四川达州白肋烟内在品质和风格特色

烟叶样品分别取自达州宣汉、开江、万源等 17 个植烟地，海拔分别为 558m、622m、669m、721m、778m、780m、790m、800m、803m、850m、900m、950m、980m、1000m、1050m、1100m、1200m，见表 1-30。各试点均利用温度、湿度自动记录仪记录大田期和调制期每天的温度、湿度变化情况，计算烟株在各个时期的平均温度、活动积温和有效积温。

表 1-30　四川达州不同海拔白肋烟感官评吸得分　　　　　　　　(单位：分)

取样点	海拔/m	香气质(10)	香气量(10)	余味(10)	杂气(10)	浓度(10)	劲头(10)	刺激性(10)	灰色(10)	燃烧性(5)	总分(85)
甘棠镇高寺村	558	6.0	7.5	6.8	6.0	6.5	5.5	5.5	6.5	4.5	54.8
梅家乡小溪沟村	622	6.0	7.0	6.5	6.0	6.3	5.8	5.6	6.3	4.5	54.0
讲治镇高峰村	669	6.2	7.0	6.5	6.3	6.0	5.8	6.0	6.2	4.6	54.6
新太乡龙形山村	721	6.3	6.8	6.5	6.2	6.3	6.0	5.8	6.3	4.5	54.7
灵岩乡分水岭村	778	6.2	7.5	6.7	6.5	6.3	6.3	6.0	6.5	4.5	56.5
宣汉县红峰镇	780	6.3	7.7	6.5	6.0	6.2	6.0	6.0	6.5	3.5	54.7
梅家乡交易山村	790	6.0	7.3	6.2	6.0	6.1	6.0	5.8	6.0	4.5	53.9
宣汉县茶河镇	800	6.2	6.9	6.5	6.1	6.6	6.3	6.1	6.1	4.0	54.8
灵岩乡土地坪村	803	6.2	6.7	6.3	6.0	6.3	6.4	6.0	5.8	4.5	54.2
宣汉县华景镇	850	6.8	6.5	6.3	6.8	6.2	7.0	6.5	6.8	4.5	57.4
宣汉县梨子乡	900	6.4	6.5	6.2	6.3	6.3	6.6	6.8	6.6	4.5	56.2
宣汉县凤林乡	950	6.5	6.3	6.2	6.0	6.0	6.3	6.3	6.2	4.0	53.8
宣汉县桃花镇	980	6.0	6.3	6.0	6.0	6.2	6.5	6.2	6.0	4.5	53.7
宣汉县老君乡	1000	6.2	6.0	6.2	5.8	6.0	6.3	6.0	5.8	4.0	52.3
宣汉县峰城镇(1)	1050	6.3	5.8	6.0	5.5	5.8	6.5	6.2	5.5	3.5	51.1
宣汉县峰城镇(2)	1100	6.5	6.5	6.0	5.6	6.0	6.5	6.3	5.6	4.0	53.0
宣汉县南坪乡	1200	6.5	6.0	6.0	6.0	6.0	6.6	6.5	6.0	4.0	53.6

1. 四川达州白肋烟感官评吸分析

由表 1-30 可以看出，四川达州种植的白肋烟品质较好，感官评吸得分较为一致，且风格突出，香气量尚足，劲头较大。随着海拔的升高，调制后烟叶的香气质、杂气、劲头得分都大致呈现出先增大后减小的趋势，而香气量、余味得分则大致呈现出逐渐减小的趋势。

2. 四川达州白肋烟风格特色

根据不同产区烟叶样品的风格特色及内在品质，四川达州优质白肋烟可分为两种风格类型：Ⅰ类为优质调香型白肋烟，其突出特点是风格显著、香气量较大、浓度较高、劲头尚足、具有碱性刺激和冲击力，燃烧性好，总糖及还原糖含量较低，烟碱含量较高，与国际著名的美国白肋烟具有较大的相似性，是混合型卷烟的优质原料。其样点包括甘棠镇高寺村、梅家乡小溪沟村、讲治镇高峰村、新太乡龙形山村、灵岩乡分水岭村、宣汉县红峰镇、梅家乡交易山村、宣汉县茶河镇；Ⅱ类为优质调味型白肋烟，其突出特点是吃味较为醇和，烟气较为细腻柔和，碱性刺激较小，烟气刚柔兼具，配伍性较好，总糖及还原糖含量较高，烟碱含量适中。其样点包括灵岩乡土地坪村、宣汉县华景镇、宣汉县梨子乡、宣汉县凤林乡、宣汉县桃花镇、宣汉县老君乡、宣汉县峰城镇(1)、宣汉县峰城镇(2)、宣汉县南坪乡。

1.3.2 四川达州不同风格特色白肋烟气候条件分析

由四川达州不同风格特色的白肋烟生育期的气候条件可以看出，不同风格特色白肋烟的伸根期有效积温、活动积温，旺长期活动积温，成熟期有效积温、活动积温，调制期日均温、活动积温均存在显著差异，组内变异系数较小，说明不同风格特色白肋烟所需的气候条件存在显著的差异(表1-31)。

表1-31 四川达州不同风格白肋烟特色烟叶生育期气候条件的比较

指标		Ⅰ类			Ⅱ类		
		范围/℃	平均值/℃	变异系数/%	范围/℃	平均值/℃	变异系数/%
日均温	伸根期	20.09~21.17	20.56 Aa	1.65	17.73~19.95	19.02 Bb	3.97
	旺长期	20.42~22.06	21.17 Aa	2.51	20.98~22.36	21.56 Aa	2.49
	成熟期	24.26~25.37	24.93 Aa	1.49	24.86~25.97	25.23 Aa	1.57
	调制期	25.24~28.40	27.11 Aa	4.18	25.24~28.40	27.16 Bb	11.08
有效积温	伸根期	312.82~335.95	323.08 Aa	2.73	262.88~330.06	308.36 Bb	6.66
	旺长期	340.32~410.78	358.35 Aa	6.35	385.52~420.09	405.13 Aa	2.65
	成熟期	459.78~505.81	497.27 Aa	3.06	499.02~530.52	512.57 Bb	2.04
	调制期	507.23~563.97	533.57 Aa	3.52	507.56~611.31	555.90 Aa	6.51
活动积温	伸根期	613.07~645.09	630.58 Aa	1.68	602.88~650.06	628.36 Aa	2.08
	旺长期	640.32~750.78	673.35 Aa	5.05	746.75~787.92	761.80 Bb	1.75
	成熟期	769.78~835.80	796.77 Aa	2.57	831.84~880.52	852.57 Bb	1.82
	调制期	787.23~933.97	839.82 Aa	5.58	929.53~1111.31	992.56 Bb	7.36

注：同列数据后带有不同大、小写字母者分别表示差异达到极显著($P<0.01$)、显著($P<0.05$)水平。下同。

1. 四川达州不同风格特色白肋烟植烟地海拔状况

由表1-32可知，四川达州不同风格特色白肋烟的植烟地海拔具有明显的差异性，Ⅰ类主要分布在海拔558~800m，Ⅱ类主要分布在海拔803~1200m。

表 1-32　四川达州不同风格特色白肋烟植烟地海拔的比较

分类	范围/m	平均值/m	变异系数/%
Ⅰ类	558～800	714Aa	12.57
Ⅱ类	803～1200	981Bb	12.67

2. 四川达州不同风格特色白肋烟生育期日均温的变化

对各海拔试点温度、湿度记录仪的观测数据进行整理分析，得出不同取样点各处理烟株生育期日均温的变化(表 1-33)。随着海拔的增加，各处理伸根期和调制期的日均温大致呈现出逐渐降低的趋势，而旺长期和成熟期的日均温则变化不大，分别维持在 20.42～22.36℃和24.26～25.79℃。随着生育期的推进，日均温大致呈现逐渐增加的趋势。不同海拔的烟株在各生育期的日均温基本都高于 20℃，处于适宜的范围，只有Ⅱ类处理的伸根期日均温为17.73～20.31℃和Ⅰ类宣汉县茶河镇伸根期日均温为19.95℃。不同海拔的烟株，其调制期日均温差异较大，从558m 的28.83℃降到1200m 的21.15℃，白肋烟的调制阶段属于自然晾制，这也是低海拔处理调制天数短，高海拔处理调制时间长的原因之一。

表 1-33　四川达州不同风格特色白肋烟生育期日均温的变化

	取样点	海拔/m	伸根期/℃	旺长期/℃	成熟期/℃	调制期/℃
Ⅰ类	甘棠镇高寺村	558	21.17	22.06	25.55	28.83
	梅家乡小溪沟村	622	20.73	21.63	25.11	28.40
	讲治镇高峰村	669	20.44	21.34	24.83	28.12
	新太乡龙形山村	721	20.84	21.34	25.37	27.78
	灵岩乡分水岭村	778	20.48	21.00	25.02	27.44
	宣汉县红峰镇	780	20.09	20.65	24.60	26.92
	梅家乡交易山村	790	20.41	20.93	24.95	27.37
	宣汉县茶河镇	800	19.95	22.08	25.33	25.24
Ⅱ类	灵岩乡土地坪村	803	20.31	22.36	25.79	25.64
	宣汉县华景镇	850	19.88	22.02	25.27	25.18
	宣汉县梨子乡	900	19.82	21.96	25.21	25.12
	宣汉县凤林乡	950	19.09	21.27	25.23	21.84
	宣汉县桃花镇	980	18.90	21.09	25.05	21.66
	宣汉县老君乡	1000	18.78	20.98	24.93	21.54
	宣汉县峰城镇(1)	1050	18.66	21.30	25.16	22.23
	宣汉县峰城镇(2)	1100	18.35	21.00	24.86	21.87
	宣汉县南坪乡	1200	17.73	20.42	24.26	21.15

3. 四川达州不同风格特色白肋烟生育期活动积温的变化

从表 1-34 可以看出，不同海拔处理下的烟株，其伸根期的活动积温差异不大，维持在 602.88～650.06℃。而旺长期、成熟期和调制期的活动积温则呈现出一定的规律，随着海拔的升高，其活动积温呈现出波动性升高的趋势。

旺长期的活动积温随海拔的变化较大，海拔 800m 及以下的区域维持在 640.32～750.78℃，800m 以上的区域维持在 746.70～787.92℃。成熟期与旺长期相似，海拔 800m 及以下为 769.78～835.80℃，800m 以上为 831.84～880.52℃。调制期则大概划分为三个层次，海拔 800m 及以下为 787.23～933.97℃，800～1000m 为 929.53～960.76℃，1000m 以上为 1057.31～1111.31℃。

表 1-34 四川达州不同风格特色白肋烟生育期活动积温的变化

	取样点	海拔/m	伸根期/℃	旺长期/℃	成熟期/℃	调制期/℃
I 类	甘棠镇高寺村	558	635.20	661.74	791.91	807.22
	梅家乡小溪沟村	622	621.79	648.76	778.50	795.11
	讲治镇高峰村	669	613.07	640.32	769.78	787.23
	新太乡龙形山村	721	645.90	682.89	811.70	861.29
	灵岩乡分水岭村	778	634.96	671.95	800.76	850.68
	宣汉县红峰镇	780	622.80	660.70	787.26	834.61
	梅家乡交易山村	790	632.65	669.64	798.45	848.45
	宣汉县茶河镇	800	638.25	750.78	835.80	933.97
II 类	灵岩乡土地坪村	803	650.06	760.09	850.99	948.70
	宣汉县华景镇	850	636.27	748.74	833.82	931.75
	宣汉县梨子乡	900	634.29	746.70	831.84	929.53
	宣汉县凤林乡	950	629.92	765.63	857.75	960.76
	宣汉县桃花镇	980	623.80	759.33	851.63	952.84
	宣汉县老君乡	1000	619.72	755.13	847.55	947.56
	宣汉县峰城镇(1)	1050	634.38	787.92	880.52	1111.31
	宣汉县峰城镇(2)	1100	623.88	777.12	870.02	1093.31
	宣汉县南坪乡	1200	602.88	755.52	849.02	1057.31

4. 四川达州不同风格特色白肋烟生育期有效积温的变化

从表 1-35 可以看出，随着海拔的升高，白肋烟伸根期有效积温整体上呈逐渐降低的趋势，而旺长期有效积温随海拔的变化更明显，海拔 800m 及以下的区域有效积温基本上维持在 340.32～410.78℃，海拔 800m 以上的区域维持在 385.52～420.09℃。成熟期和调制期有效积温规律不明显，分别维持在 459.78～530.52℃和 507.23～611.31℃。随着生育期的推进，活动积温整体呈逐渐增加的趋势。

表 1-35 不同风格特色白肋烟生育期有效积温的变化

	取样点	海拔/m	伸根期/℃	旺长期/℃	成熟期/℃	调制期/℃
I 类	甘棠镇高寺村	558	335.20	361.74	481.91	527.22
	梅家乡小溪沟村	622	321.79	348.76	468.50	515.11

续表

取样点		海拔/m	伸根期/℃	旺长期/℃	成熟期/℃	调制期/℃
I 类	讲治镇高峰村	669	313.07	340.32	459.78	507.23
	新太乡龙形山村	721	335.90	362.89	491.70	551.29
	灵岩乡分水岭村	778	324.96	351.95	480.76	540.68
	宣汉县红峰镇	780	312.80	340.70	467.26	524.61
	梅家乡交易山村	790	322.65	349.64	478.45	538.45
	宣汉县茶河镇	800	318.25	410.78	505.80	563.97
II 类	灵岩乡土地坪村	803	330.06	420.09	520.99	578.70
	宣汉县华景镇	850	316.27	408.74	503.82	561.75
	宣汉县梨子乡	900	314.29	406.70	501.84	559.53
	宣汉县凤林乡	950	299.92	405.63	517.75	520.76
	宣汉县桃花镇	980	293.80	399.33	511.63	512.84
	宣汉县老君乡	1000	289.72	395.13	507.55	507.56
	宣汉县峰城镇(1)	1050	294.38	417.92	530.52	611.31
	宣汉县峰城镇(2)	1100	283.88	407.12	520.02	593.31
	宣汉县南坪乡	1200	262.88	385.52	499.02	557.31

由以上分析可知，四川达州不同风格特色烟叶的形成与海拔和温度等气候条件密切相关。四川达州白肋烟产区以海拔 800m 为界可明显分为两种气候生态类型，海拔 800m 以上地区的伸根期和调制期的日均温相对较低，伸根期的有效积温较低，而旺长期、成熟期和调制期由于持续时间较长，其活动积温相对较高，其有效积温也相对较高。

不同海拔对白肋烟品种烟叶化学成分和感官质量的影响呈现出一定的规律性。烟碱的含量随着海拔的升高呈现出波动性降低的趋势，这很可能是随着海拔的上升，烟碱合成酶的活性降低，根系合成烟碱的速率减缓，导致烟叶烟碱含量低。烟叶化学成分是衡量烟叶品质的重要指标，其分布规律也可以海拔 800m 为界分为两个区域，海拔 800m 以下的区域，其总氮、总糖、还原糖含量相对较低，烟碱和钾含量则相对较高。

1.4　不同海拔的气候条件及不同海拔对烟叶质量的影响

四川达州地势起伏很大，东北高、西南低，最高处是宣汉县鸡唱乡大团堡，海拔 2458m；最低处是渠县望溪乡天关村，海拔 222m。高海拔地区后期温度低，热量不足，导致烟叶生育期推迟，同时对烟叶的正常晾制不利，海拔差异大已成为制约该产区烟叶产量和质量的主要因素之一。1.3 节的研究表明海拔对该地区两种白肋烟风格特色的形成起重要作用，本节重点研究海拔对四川达州白肋烟主栽品种生长发育的动态变化和质量的影响。为进一步摸清四川达州各地烟叶海拔条件，针对达州温度、雨水、光照等自然环境条件，在现有的研究基础上，用统一的栽培、晾制技术，探讨海拔与白肋烟产量、品质的关系，以期为四川达州白肋烟生产的合理布局、提高烟叶品质提供依据。

于 2008 年在四川达州，选用当地主栽品种——中熟品种达白 1 号和早熟品种 KY14×L8。选择 3 个海拔（700m、1000m、1300m）分别设置品种比较试验。栽培措施按统一规范进行，每个品种种植两行作对照，行株距 110cm×55cm，采用半斩株采收。3 个试点均利用温度、湿度自动记录仪，实时记录从移栽当天到半斩株采收期间的昼夜温度、湿度变化，设置记录仪每隔 2h 记录 1 次。

1.4.1 不同海拔白肋烟生育期的温度变化

根据温度、湿度自动记录仪观测的数据整理分析得出，随着海拔的升高，达白 1 号和 KY14×L8 两个品种在伸根期、旺长期、成熟期的平均温度都呈现出降低的趋势；而随着生育期的推进，温度又呈现出增加的趋势。除海拔 1300m 两个品种伸根期的气温低于 20℃ 外，不同海拔两个品种在各生育期的平均温度大多在 20℃ 以上，处于适宜范围内（表 1-36），烟草对气温条件的要求是前期较低，因此也能满足其前期生长。不同海拔两个品种旺长期和成熟期的平均气温均大于 20℃，能满足优质烟叶生长的温度要求，而海拔 1300m 达白 1 号成熟期日最低温度为 19.2℃，小于 20℃ 的天数有 6d，导致达白 1 号在海拔 1300m 的生育期比 KY14×L8 长，到后期温度不能满足优质烟叶生产所需，这可能对品质有一定的影响。

表 1-36 不同海拔白肋烟生育期的温度变化

品种	指标	700m		1000m		1300m	
		平均值	变幅	平均值	变幅	平均值	变幅
达白 1 号	伸根期平均温度/℃	23.1	21.3～25.7	21.6	20.7～23.2	19.4	18.9～21.1
	旺长期平均温度/℃	24.3	23.1～25.2	23.4	22.4～24.5	21.2	20.7～23.1
	成熟期平均温度/℃	25.7	24.8～26.5	24.0	22.7～25.1	22.3	19.2～23.8
KY14×L8	伸根期平均温度/℃	23.2	22.7～24.9	21.4	20.6～23.3	19.6	18.7～21.1
	旺长期平均温度/℃	24.3	23.8～26.1	22.7	21.1～24.8	21.2	20.2～23.7
	成熟期平均温度/℃	25.9	24.7～27.1	23.4	21.6～25.9	21.7	20.3～23.5

1.4.2 不同海拔白肋烟生育期相对湿度的变化

从表 1-37 可以看出，随着海拔的升高，两个品种在伸根期、旺长期、成熟期的相对湿度均呈现出增加的趋势。而随着生育期的推进，同一海拔不同品种在伸根期的相对湿度低于旺长期和成熟期，这主要是不同海拔不同品种前期生育缓慢，随着烟株的生长发育，烟株的蒸腾作用加剧造成的。两个品种在旺长期和成熟期的相对湿度变化不大，趋于平稳，这可能是由于烟株的生长发育到这两个阶段已基本定型。

表 1-37　不同海拔白肋烟生育期相对湿度的变化

品种	指标	700m		1000m		1300m	
		平均值	变幅	平均值	变幅	平均值	变幅
达白 1 号	伸根期相对湿度/%	78	69～86	81	73～89	84	74～93
	旺长期相对湿度/%	85	75～92	88	78～96	90	79～96
	成熟期相对湿度/%	84	71～92	90	74～95	91	78～99
KY14×L8	伸根期相对湿度/%	78	69～87	83	75～90	85	78～96
	旺长期相对湿度/%	84	74～91	87	76～94	90	80～98
	成熟期相对湿度/%	86	74～95	90	76～97	93	78～99

1.4.3　不同海拔白肋烟生育期的积温（≥10℃）分析

两个品种各生育期积温（≥10℃）存在一定的差异，且随着海拔的变化呈现出一定的规律性（表 1-38）。

表 1-38　不同海拔白肋烟生育期的积温（≥10℃）　　　　　　　　（单位：℃）

品种	生育期	海拔/m		
		700	1000	1300
达白 1 号	伸根期	393.0	359.6	310.2
	旺长期	257.4	268.0	235.2
	成熟期	690.8	588.0	528.9
KY14×L8	伸根期	409.2	364.8	336.0
	旺长期	257.4	241.3	224.0
	成熟期	620.1	549.4	491.4

随着海拔的升高，两个品种伸根期的积温（≥10℃）均逐渐减小，KY14×L8 品种在同海拔所需积温（≥10℃）高于达白 1 号。随着海拔的升高，KY14×L8 旺长期的积温（≥10℃）逐渐减小，达白 1 号呈先增加后减少的趋势；同一海拔两个品种的积温（≥10℃）也不一样，当海拔为 700m 时，两者积温（≥10℃）相同；当海拔为 1000m 和 1300m 时，达白 1 号都高于 KY14×L8。

随着海拔的升高，两个品种成熟期的积温（≥10℃）都逐渐减小，其中达白 1 号在同海拔所需的积温（≥10℃）高于 KY14×L8，这说明在同海拔 KY14×L8 比达白 1 号早完成生育期。四川达州在烟叶成熟期的月份温度是逐渐降低的，所需积温（≥10℃）越小的品种也就越早完成成熟期，从而生产出优质的烟叶。

1.4.4　不同海拔对白肋烟品种经济性状的影响

中熟、早熟品种在不同海拔烟叶的产量、产值、均价、上等烟比例和中等烟比例有较大差异（表 1-39）。两个品种种植在海拔 1300m 时，各项经济性状指标都低于中海拔和低海拔。达白 1 号在海拔 700m 种植时产量和产值最高，随着海拔的升高呈显著下降的趋势；在高海拔种植时，上、中等烟比例下降幅度较大，造成均价和产值大为降低。KY14×L8 在海拔 700m 和海拔 1000m 种植时，各项经济性状指标差异较小，在海拔 1300m 种植时虽有下降，但降幅显著低于达白 1 号，其烟叶等级、均价、产量和产值均显著高于达白 1 号。

表 1-39　不同海拔中熟、早熟品种的经济性状

海拔/m	品种	上等烟比例/%	中等烟比例/%	均价/(元/kg)	产量/(kg/亩)	产值/(元/亩)
700	达白 1 号	34.41	46.74	9.78	181.7	1777.03
	KY14×L8	32.41	43.27	9.55	157.6	1505.08
1000	达白 1 号	31.56	44.59	9.36	161.3	1509.77
	KY14×L8	37.23	47.14	9.69	165.1	1599.82
1300	达白 1 号	24.65	38.26	8.17	147.4	1204.26
	KY14×L8	30.34	42.34	9.26	151.3	1401.04

注：1 亩≈666.7m^2。

1.4.5　不同海拔对白肋烟品种烟叶外观质量的影响

由表 1-40 可知，不同海拔对中熟、早熟品种调制后的烟叶外观质量影响较大，中熟品种达白 1 号和早熟品种 KY14×L8 在海拔 700m 和海拔 1000m 种植时，烟叶外观质量都较海拔 1300m 好。达白 1 号在海拔 700m 和 KY14×L8 在海拔 1000m 种植时，烟叶外观质量最好，烟叶成熟度好，颜色红黄，身份适中，叶面平展，结构疏松，光泽鲜明。在海拔 1300m 种植时，中熟品种达白 1 号的烟叶外观质量比 KY14×L8 差，结构稍密，光泽暗，叶面较皱，有青干或急干现象，外观质量不佳。由于不同海拔的温度、湿度不同，烟叶在晾制过程中失水速度不一样，晾制时间差异也较大，这是不同海拔中熟、早熟品种烟叶外观质量差异的根本原因。

表 1-40　不同海拔中熟、早熟品种的烟叶外观质量

海拔/m	品种	部位	成熟度	身份	叶片结构	颜色	光泽	叶面
700	达白 1 号	上部	成熟	适中	疏松	近红黄	鲜明	平展
		中部	成熟	适中	疏松	红黄	鲜明	平展
	KY14×L8	上部	成熟	稍厚	稍疏松	近红黄	鲜明	平展
		中部	成熟	适中	疏松	红黄	鲜明	平展
1000	达白 1 号	上部	成熟	稍厚	稍疏松	近红黄	尚鲜明	微皱
		中部	成熟	适中	稍疏松	红黄	鲜明	平展
	KY14×L8	上部	成熟	适中	疏松	红黄	鲜明	平展
		中部	成熟	适中	疏松	红黄	鲜明	平展
1300	达白 1 号	上部	尚熟	厚	密	红棕	暗	微皱
		中部	尚熟	较薄	稍密	浅红黄	稍暗	皱
	KY14×L8	上部	尚熟	较厚	稍密	浅红黄	尚鲜明	皱
		中部	成熟	尚适中	稍疏松	浅红黄	尚鲜明	微皱

1.4.6　不同海拔对白肋烟品种烟叶感官评吸的影响

烟叶外观质量及内在品质的优劣最终表现在感官评吸上。从表 1-41 可以看出，不同海拔对中熟、早熟品种调制后烟叶感官评吸的影响较大，中熟品种达白 1 号和早熟品种 KY14×L8 种植在海拔 700m 和海拔 1000m 时烟叶感官评吸都较海拔 1300m 好。达白 1 号和 KY14×L8 在海拔 700m 和海拔 1000m 时烟叶感官评吸最好，香气量足，劲头适中，余味舒适，杂气及刺激性较小，整体感官评吸协调性最好。在海拔 1300m 时，中熟品种达白 1 号的烟叶感官评吸明显劣于 KY14×L8，表现为香气量少，杂气重，刺激性大。

表 1-41　不同海拔中、早熟品种的烟叶感官评吸

海拔/m	品种	部位	香气量	风格程度	杂气	劲头	刺激性	余味	燃烧性	质量档次
700	达白 1 号	上部	足	显著	有	中等	有	较适	强	中等偏上
		中部	足	显著	有	中等	有	较适	强	中等偏上
	KY14×L8	上部	尚足	较显著	有	中等	有	较适	强	中等偏上
		中部	足	显著	有	中等	有	较适	强	中等偏上
1000	达白 1 号	上部	尚足	显著	有	中等	有	尚适	强	中等
		中部	尚足	较显著	有	较大	有	较适	强	中等偏上
	KY14×L8	上部	足	显著	有	中等	有	较适	强	中等偏上
		中部	足	显著	有	中等	有	较适	强	中等偏上
1300	达白 1 号	上部	有	有	略重	较大	大	微苦辣	中等	中等偏下
		中部	微有	有	略重	较大	较大	微苦辣	中等	中等偏下
	KY14×L8	上部	有	有	略重	较大	较大	微苦	中等	中等偏下
		中部	尚足	较显著	有	中等	稍大	尚适	强	中等

第2章 营养高效与肥水运筹

白肋烟对肥水需求量大，因此进行科学的肥水管理是优质高效白肋烟生产的关键环节。肥料的科学施用和运筹不但要考虑氮、磷、钾等矿质营养的施用比例平衡，还要充分考虑肥料的施用时间和方法。对基追肥进行合理分配并选择适宜的施肥时期，能够改善烟株营养状况以及烟叶品质。不同烟株的干物质积累趋势与生育期烟株养分吸收状况基本一致，只有烟草的干物质积累在一定程度上与养分吸收相协调，才能够实现烟草生产优质适产的目的(陈江华等，2008)。目前在白肋烟生产中施肥问题较为突出，主要表现为施肥量偏大，氮素利用率较低，基肥和追肥比例(以下简称基追比)、追肥时期、追肥次数不合理等，从而影响了烟叶品质和经济效益的提升。肥、水两者有着紧密的联系，肥、水的有效结合有利于提高两者的利用率，促进优质高效白肋烟生产，特别是云南大理白肋烟产区气候较为干旱，实行节水灌溉十分必要。笔者分别在四川达州和云南大理开展了矿质元素积累规律和氮肥运筹试验研究，以期建立各产区科学施肥技术体系。

2.1 白肋烟生育期矿质元素含量的动态变化

矿质元素在白肋烟生育期的作用及氮素水平对白肋烟生长生育和晾制后烟叶品质的影响已有较多报道，关于白肋烟生育期矿质元素含量的变化及不同土壤类型烟叶矿质元素含量方面的研究，主要以烤烟为材料，而不同海拔对白肋烟在生育期的矿质元素，特别是微量元素动态变化的影响研究比较缺乏。本试验旨在研究不同海拔白肋烟生育期矿质元素的动态变化，为在生产上对烟株营养状况进行科学诊断和制定合理的施肥技术提供理论依据(史宏志等，2009)。

试验于2007年在四川达州进行，品种选用四川达州白肋烟主栽品种'达白1号'。选择海拔700m、海拔1200m两块烟田，地力水平中等偏上。统一按照如下推荐施肥量和施肥方法进行施肥：每亩施氮量13kg，于5月15日移栽，密度18000株/hm²。海拔700m烟田移栽后65d打顶，海拔1200m烟田移栽后75d打顶，烟叶达到成熟标准时半整株采收晾制。分别在移栽后24d、42d、56d、68d、78d、92d、115d进行7次采样。每株取上部叶和中部叶各3片，每次取8株，样品杀青后烘干磨碎，用于烟叶主要矿质元素含量的测定。

2.1.1 白肋烟生育期大量元素含量的动态变化

N、P、K是白肋烟需求最多的营养元素，其营养状况对烟株的生长发育和质量有重要影响。一般认为，白肋烟烟叶适宜的 N 含量为 20～40g/kg，最适宜的含量为 30g/kg；适宜的 P 和 K 含量分别为 2.5～5.0g/kg 和 20～38g/kg。由表 2-1 可知，在低海拔(700m)条件下，上部叶 N 含量普遍高于中部叶。在移栽后 56d N 含量达到高峰，打顶后逐渐降低，至移栽后 115d，上部叶 N 降低 20.74g/kg，中部叶降低 20.02g/kg。P 含量在整个生育期比较稳定，且上部叶与中部叶无显著差异。K 含量中部叶高于上部叶，随着生育期的延长，K 含量降低，尤其是在打顶后，K 含量下降显著。在高海拔(1200m)条件下，烟株移栽后 68d N 含量达到高峰，烟株打顶后 N、K 含量均降低，从移栽后 68d 到移栽后 115d，上部叶 N 含量降低 14.64g/kg，中部叶降低 14.96g/kg；K 含量上部叶降低 3.9g/kg，中部叶降低 1.1g/kg。P 含量有波动性降低趋势，但变化较小。海拔对烟叶各元素含量有不同的影响，低海拔 N 含量高于高海拔，但 P、K 含量低于高海拔。

与优质烟叶要求相比，海拔 700m 烟株中、上部叶 N 含量偏高，P 含量偏低，K 含量显著低于适宜范围。海拔 1200m 烟株中、上部叶 N、P 含量较适宜，K 含量较低。

表 2-1 不同海拔烟叶生育期大量元素含量的变化 （单位：g/kg）

海拔/m	部位	元素	移栽后天数						
			24d	42d	56d	68d	78d	92d	115d
700	上部	N	—	34.47	51.98	43.68	37.61	32.45	31.24
		P	—	2.00	1.80	2.10	1.90	1.70	2.00
		K	—	17.90	17.10	16.80	16.60	15.80	15.40
	中部	N	27.46	32.14	49.86	40.24	36.27	31.21	29.84
		P	2.80	2.30	2.00	1.80	1.90	1.90	1.80
		K	20.10	19.80	18.90	18.50	17.80	17.50	17.20
1200	上部	N	—	28.46	33.95	42.78	31.21	30.89	28.14
		P	—	3.40	3.10	3.50	3.20	2.90	2.50
		K	—	18.80	18.60	18.60	17.20	16.10	14.70
	中部	N	12.78	24.64	32.74	41.17	30.78	28.89	26.21
		P	3.90	4.10	3.80	3.50	3.70	3.40	3.20
		K	21.30	21.10	20.70	20.50	20.20	19.90	19.40

2.1.2 白肋烟生育期微量元素含量的动态变化

优质白肋烟微量元素含量的适宜指标分别为 Ca 17～31g/kg、Mg 5～9g/kg、Zn 12.5～25mg/kg、B 20～50mg/kg、Cu 6.3～14.2mg/kg、Fe 90～120mg/kg、Mn 100～200mg/kg。由表 2-2 可知，高海拔与低海拔微量元素含量基本一致。大致呈现高海拔 Ca、Mg 含量低于低海拔，Fe、Mn 含量高于低海拔，其他元素无明显趋势。在生育期内，Ca、Mg、Mn、Zn 含量随生育进程一般呈现出先增高后下降的趋势，Fe 和 Cu 含量大致表现为持续下降，B 含量比较稳定。Ca、Zn、Cu 含量一般表现为上部叶高于中部叶，Mg、Fe、Mn 含量一般表现为上部叶低于中部叶。

表 2-2　不同海拔烟叶生育期微量元素含量的变化

海拔/m	部位	微量元素	移栽后天数						
			24d	42d	56d	68d	78d	92d	115d
700	上部	Ca/(g/kg)	—	16.91	20.72	27.14	39.17	27.19	23.42
		Mg/(g/kg)	—	3.11	3.94	4.34	6.15	3.77	3.46
		Zn/(mg/kg)	—	33.61	34.79	36.27	35.41	34.21	32.10
		B/(mg/kg)	—	18.32	17.35	18.04	17.91	18.01	17.84
		Cu/(mg/kg)	—	17.41	17.23	16.98	16.95	16.88	16.21
		Fe/(mg/kg)	—	173.21	162.34	159.02	149.12	142.11	138.03
		Mn/(mg/kg)	—	189.81	198.24	221.41	264.16	241.37	203.25
	中部	Ca/(g/kg)	17.42	18.22	19.27	23.38	34.80	24.78	22.43
		Mg/(g/kg)	4.34	4.72	5.29	6.18	5.91	5.47	5.25
		Zn/(mg/kg)	28.45	30.21	28.74	27.27	30.41	31.02	31.74
		B/(mg/kg)	15.98	16.87	16.21	16.45	15.82	17.42	16.92
		Cu/(mg/kg)	17.34	16.85	16.11	15.87	14.94	14.21	14.01
		Fe/(mg/kg)	185.65	197.27	217.91	168.87	161.81	152.29	141.37
		Mn/(mg/kg)	219.54	228.27	244.21	261.64	297.29	257.53	229.27
1200	上部	Ca/(g/kg)	—	17.52	18.91	21.83	31.77	25.21	22.15
		Mg/(g/kg)	—	3.35	3.74	5.15	6.92	3.86	3.29
		Zn/(mg/kg)	—	36.21	36.98	39.24	34.17	33.28	33.15
		B/(mg/kg)	—	18.17	17.34	18.21	18.09	16.87	17.24
		Cu/(mg/kg)	—	17.38	17.37	16.21	14.74	13.21	13.20
		Fe/(mg/kg)	—	192.34	181.34	179.21	172.74	160.37	144.37
		Mn/(mg/kg)	—	207.81	213.85	227.87	271.34	231.84	218.28
	中部	Ca/(g/kg)	17.81	18.08	19.18	20.34	30.76	21.98	21.48
		Mg/(g/kg)	3.53	3.74	4.02	5.90	7.52	4.27	3.76
		Zn/(mg/kg)	33.54	34.27	33.98	33.39	34.41	34.84	34.98
		B/(mg/kg)	16.85	17.05	17.12	17.23	16.97	17.04	17.12
		Cu/(mg/kg)	17.35	16.84	16.75	16.57	15.54	15.38	14.75
		Fe/(mg/kg)	194.38	196.58	207.48	229.84	218.46	218.24	210.21
		Mn/(mg/kg)	208.12	214.63	256.12	275.34	317.28	256.34	228.15

综上分析可知，在烟叶生长发育过程中，不同元素的含量变化模式不尽相同。随着生育期的推进，大量元素 N 及微量元素 Ca、Mg、Mn 含量一般呈现出先增加后降低的趋势；K 含量和微量元素 Fe、Cu 含量大致表现为持续下降，且打顶后显著降低；P 和 B 含量在整个生育期都比较稳定。高海拔烟叶 N、Ca 含量整体上低于低海拔的烟叶，而 P、K、Fe、

Mn 含量整体上高于低海拔烟叶，其他元素无明显差异。海拔 700m 烟叶 N 含量偏高，P 含量偏低，K 含量中部叶高于上部叶但各部位均低于适宜值。微量元素中 Mg、B 普遍缺乏，Cu、Fe、Mn 较为丰富。高海拔产区，烟叶 N、P 含量都在适宜范围内，K 含量严重缺乏，微量元素丰缺与低海拔烟叶相比基本一致。四川产区土壤一般呈弱酸性，这可能是 Ca、Mg 吸收较少，在烟叶中含量偏低的原因之一。此外，四川雨水偏多，造成 B 流失，这是烟叶缺硼的可能原因。

白肋烟的施肥效果不仅取决于所用肥料的种类、施肥量、施肥时间和施肥方法，还取决于 N、P、K 的比例和微量元素的补充。在低海拔下施肥时应注意后期控氮。针对低、高海拔钾含量严重缺乏的状况，应采用基肥和分次追肥相结合的施钾技术，以提高烟叶产量，增加烟叶钾含量。合理施用 N、P、K 肥料是满足烟株各生长期对养分的需求，协调生长期内的化学成分，提高烟叶产量和质量的重要措施。在微量元素方面，低海拔与高海拔施肥时均应增施 Mg 和 B 肥，控制微量元素 Cu、Fe、Mn 的施用。

2.2　白肋烟和烤烟烟苗氮代谢的差异

氮同化还原过程是氮代谢的重要环节，是植物体将无机氮转化为有机氮的重要途径。在氮同化还原过程中，硝酸还原酶(NR)的作用是将硝酸盐还原为亚硝酸盐，谷氨酰胺合成酶(GS)的作用是将 NH_4^+ 同化形成谷氨酰胺，谷氨酰胺进一步合成谷氨酸，为植物体生长发育提供氨态氮源。因此，NR 和 GS 的活性对氮利用具有重要影响。氮代谢过程的顺利进行还需要充足的能量供应，叶绿体色素通过接收光子能量进行光合作用，为植物代谢活动提供能量。白肋烟品种每亩的氮用量为 16～20kg，存在氮利用率低的问题。TN86 品种是优质白肋烟的典型代表，而有关 TN86 品种的研究多集中在成熟采收和调制技术方面，关于其氮利用率低的原因等研究相对较少。为此，本节以烤烟品种红花大金元和白肋烟品种 TN86 为对象，研究不同烟草类型烟苗的生物量积累、氮代谢关键酶活性，以及氮利用特点，并分析烟苗氮积累、生物量与氮代谢关键酶、叶片色素含量的关系，探索红花大金元和 TN86 品种氮利用率存在差异的原因，旨在为完善烟叶栽培技术和品种改良提供依据。

试验于 2014 年 6～10 月在云南大理进行。于育苗大棚内采用漂浮育苗方式，选取两个烟草类型的品种，分别为白肋烟品种 TN86 和烤烟品种红花大金元。第一次施肥在种子萌发后(播种后 10d)施入，每升水中平均溶解 1g 肥料，第二次施肥在播种后 50d 时追肥，每升水中平均溶解 0.7g 肥料，施肥后每 3d 换一次营养液。在播种后 30d、40d、50d 和 60d 时，选取长势均匀一致的烟苗用于烟苗叶片氮代谢关键酶活性、色素含量(叶绿素 a、叶绿素 b 和类胡萝卜素，质量分数)和化学成分含量测定。

2.2.1　不同类型品种烟苗生物量的差异

由图 2-1 可知，随着烟草生育期的推进，烟苗生物量增加。在烟苗发育过程中，不同烟草类型品种烟苗生物量不同,烤烟品种红花大金元的烟苗生物量高于白肋烟品种 TN86。

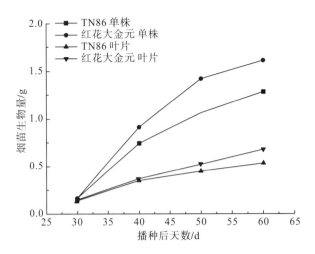

图 2-1　不同类型品种烟苗生物量的变化

2.2.2　不同类型品种烟苗氮代谢关键酶活性和蛋白质含量变化

由图 2-2 可知，不同类型品种烟苗叶片 NR 活性不同，差异达到显著或极显著水平。在烟苗成苗过程中，前期 TN86 品种叶片 NR 活性呈现出持续升高的趋势，且远高于红花大金元品种，但在播种 50d 后呈现出下降的趋势，在播种后 60d 时与红花大金元品种相近，这可能与该品种对肥料需求量大有关系；而红花大金元品种叶片 NR 活性则呈现出持续升高的趋势，但始终低于 TN86 品种。

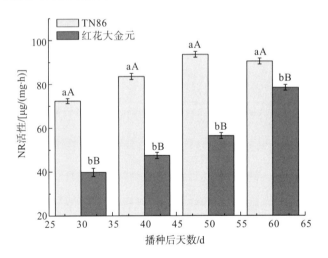

图 2-2　不同类型品种烟苗叶片 NR 活性的变化

同组柱形图上标有不同小写字母者表示差异达到显著($P<0.05$)水平，
标有不同大写字母者表示差异达到极显著($P<0.01$)水平，下同

图 2-3 表明，不同类型品种间烟苗叶片 GS 活性的变化趋势一致，均表现为随着生育期的推进呈现出升高的趋势。在烟苗成苗过程中，不同类型品种烟苗叶片 GS 活性表现为红花大金元大于 TN86，且差异均达到显著水平。由此可知，烤烟品种红花大金元

烟苗叶片氮同化能力强于白肋烟品种 TN86，这有利于增加烟苗氮同化利用率和干物质积累量。

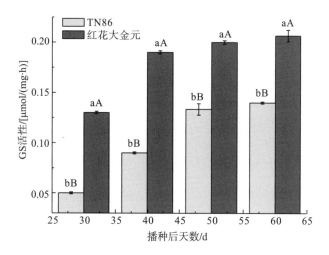

图 2-3　不同类型品种烟苗叶片 GS 活性的变化

在烟苗成苗过程中，不同类型品种烟苗叶片蛋白质含量均呈现出升高的趋势，见图 2-4。在播种后 50d 前，红花大金元品种烟苗叶片蛋白质含量高于 TN86 品种，但在播种后 60d 时，红花大金元品种低于 TN86 品种，这可能与红花大金元品种叶片干物质积累速度快且积累量高，同时蛋白质浓度被稀释有一定关系。

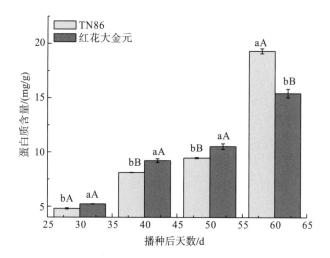

图 2-4　不同类型品种烟苗叶片蛋白质含量的比较

2.2.3　不同类型品种烟苗叶片色素含量差异

图 2-5 表明，不同类型品种烟苗叶片色素含量不尽相同。在烟苗成苗过程中， TN86 和红花大金元品种烟苗叶片色素含量整体上呈现出升高的趋势，且烤烟品种红花大金元高于白肋烟品种 TN86。

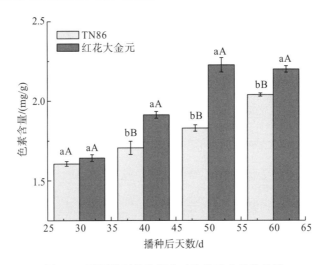

图 2-5　不同类型品种烟苗叶片色素含量的比较

2.2.4　不同类型品种烟苗叶片氮含量和积累特点

由表 2-3 可知，不同类型品种烟苗叶片氮积累特点明显不同。在播种后 60d 时，白肋烟品种 TN86 烟苗叶片、整株总氮含量和叶片硝酸盐含量较高，分别为 4.51%、3.61%和 1.74mg/g，但叶片氮积累量和硝酸盐积累量相对较低，这与叶片干物质积累量较低密切相关；而烤烟品种红花大金元烟苗叶片总氮和硝酸盐含量较低，但硝酸盐积累量高，与该品种叶片干物质积累量较高有关。

表 2-3　不同类型品种烟苗叶片氮含量和积累特点

品种	总氮/%		氮积累量		叶片硝酸盐含量 /(mg/g)	叶片硝酸盐积累量 /mg
	叶片	整株	叶片积累量/g	叶片占整株比例/%		
TN86	4.51aA	3.61aA	2.39bB	52.19	1.74aA	0.92 bB
红花大金元	3.56bB	2.91bB	2.42aA	51.62	1.72aA	1.17 aA

注：同列数据后带有不同大、小写字母者分别表示差异达到极显著($P<0.01$)、显著($P<0.05$)水平。

2.2.5　烟苗叶片氮积累与氮代谢关键酶活性和色素含量的相关性分析

由表 2-4 可知，不同类型品种烟苗生物量、叶片生物量、叶片蛋白质含量、叶片硝酸盐含量、叶片氮积累量和叶片硝酸盐积累量与叶片 NR 活性、GS 活性、叶绿素含量、类胡萝卜素类含量和色素含量均存在相关关系，且部分指标间相关系数达到显著或极显著水平。其中，烟苗生物量、叶片生物量和叶片氮积累量与叶片叶绿素含量（$r=0.935^{**}$，$r=0.895^{**}$，$r=0.856^{**}$）、色素含量（$r=0.935^{**}$，$r=0.901^{**}$，$r=0.845^{**}$）和 GS 活性（$r=0.766^{**}$，$r=0.732^{**}$，$r=0.710^{**}$）的相关系数达到极显著水平，表明烟苗生物量和叶片氮积累量与叶片叶绿素含量、色素含量和 GS 活性密切相关；叶片硝酸盐积累量与 NR 活性、叶绿素含量、类胡萝卜素类含量和色素含量均呈现负相关，与 NR 活性（$r=-0.873^{**}$）和类胡萝卜素类含量（$r=-0.411^*$）的相关系数达到极显著和显著水平；叶片蛋白质含量与 NR 活性($r = 0.489^*$)、GS 活性($r = 0.506^*$)、叶绿素含量($r = -0.747^{**}$)、类胡萝卜素类含量($r = 0.427^*$)和色素含量($r = -0.745^{**}$)的相关系数达到显著或极显著水平，表明烟苗叶片蛋白质含量与氮代谢关键酶活性和色素含量均密切相关。由此可知，在烟苗成苗过程中，影响烟苗生物量积累和叶片氮积累的关键因子是氮同化关键酶 GS 活性和色素含量。

表 2-4　烟苗叶片氮积累与氮代谢关键酶活性和色素含量的相关性

指标	NR 活性	GS 活性	叶绿素含量	类胡萝卜素类含量	色素含量
叶片生物量	0.427^*	0.732^{**}	0.895^{**}	0.653^{**}	0.901^{**}
烟苗生物量	0.369	0.766^{**}	0.935^{**}	0.592^{**}	0.935^{**}
叶片蛋白质含量	0.489^*	0.506^*	-0.747^{**}	0.427^*	-0.745^{**}
叶片氮积累量	0.397	0.710^{**}	0.856^{**}	0.413^*	0.845^{**}
叶片硝酸盐含量	-0.657^{**}	-0.478^*	-0.663^{**}	-0.412^*	-0.657^{**}
叶片硝酸盐积累量	-0.873^{**}	0.132	-0.105	-0.411^*	-0.124

**和*分别表示在 0.01 和 0.05 水平上相关。

烤烟品种红花大金元烟苗叶片色素含量相对较高，氮代谢关键酶 GS 活性强，氮同化能力强，氮利用率较高。烤烟烟苗具有氮含量低和氮积累量高的特点，与烟苗整株生物量和叶片生物量密切相关。而白肋烟品种 TN86 烟苗叶片色素含量相对较低，氮代谢关键酶 NR 活性强，GS 活性较弱，即氮还原能力较强而氮同化能力较弱，氮利用率低。叶片具有氮含量高而积累量低的特点，与烟苗生物量较低有关。相关性分析表明，叶片色素含量和 GS 活性与烟苗生物量和氮积累量均呈显著正相关，相关系数达到极显著水平。因此，叶片色素含量和 GS 活性是影响烟草氮同化利用的关键因子。本试验发现，烤烟品种红花大金元叶片 GS 活性较高，具有较强的氮同化能力，同时叶片色素含量较高，能为氮代谢过程提供充足的能量和动力，是氮高效利用的关键；而白肋烟品种 TN86 叶片 NR 活性较高，氮还原能力较强，GS 活性相对较低，氮同化能力较弱，同时叶片色素含量较低，是氮利用率低的重要原因之一。因此，在生产中选用色素含量高的品种和增强叶片 GS 活性对提高烟草氮利用率具有重要作用，提高烟草叶片色素含量水平和增强氮同化能力可作为栽培技术改进和品种遗传改良的方向。

2.3　基追比和追肥时期对云南大理白肋烟生长发育和晾后烟叶品质的影响

科学施肥是白肋烟优质生产中的主要栽培技术之一。烟草的生育期可以分为若干阶段，不同阶段对营养有不同的需求，因此施肥任务不是一次就能完成的，还包括基肥、追肥等环节。基肥是烟草移栽前及移栽时施用的肥料，对烟株前期生长有显著作用。根据烟株的需肥特点和对养分的吸收动态，适时追肥可以提高烟叶的产量和品质。合理地分配基追比以及选择适宜的施肥时期，能够合理地调配烟株营养状况，改善烟叶品质。平衡施用肥料不但要考虑各种养分的施用比例平衡,还要充分考虑肥料的施用时间和方法。因为不同地域的土壤、气候因素不尽相同,传统的施肥模式使得土壤的供肥难以与烟株吸肥同步,造成肥料流失,而且对烟叶品质产生不利影响。科学、合理的基追比和追肥时期对获得适产优质的烟叶具有重要的意义(靳双珍,2010;靳双珍等,2010)。

云南大理是我国优质白肋烟的主要产区,其土壤结构为砂壤土,由于气候较为干旱,灌溉次数频繁,肥料流失严重。本试验旨在研究云南大理不同基追比和追肥时期对白肋烟生长发育过程中烟株营养状况和调制后烟叶品质和产量的影响,找出适宜云南大理白肋烟生产最佳的基追比和追肥时期,对该产区施肥措施进行优化组合,提高当地肥料利用率,降低施肥成本,为优质白肋烟的生产提供科学依据,促进白肋烟优质稳产。

试验于 2009 年 5~9 月在云南大理进行,供试土壤为紫砂土,供试品种为 TN86。土壤 pH 为 6.17,有机质含量为 22.3g/kg,碱解氮含量为 50.5mg/kg,速效磷含量为 12.1mg/kg,速效钾含量为 53.5mg/kg。采用双因素试验,A 因素为基追比,分别为 40%基肥+60%追肥(A_1)、55%基肥+45%追肥(A_2)、70%基肥+30%追肥(A_3);B 因素为追肥时期,分别为移栽后 15d 追施(B_1)、移栽后 30d 追施(B_2)、移栽后 15d 和 30d 各追施一半(B_3)。试验采用裂区设计,以 A 因素为主处理,B 因素为副处理,共 9 个处理组合,每个处理重复 3 次,小区面积为 72m^2。试验中各处理施氮量 225kg/hm^2。氮素由硝酸铵和烟草专用复合肥提供,N∶P_2O_5∶K_2O 为 1∶1∶1.5。基肥和追肥采用 N、P、K 统一混匀条施,追肥在烟株两侧开沟条施(深度为 5~10cm)。烟苗于 5 月 5 日移栽,行株距为 1.1m×0.55m,移栽后 75d 打顶,半整株成熟采收晾制。

2.3.1 基追比和追肥时期对白肋烟生长发育的影响

1. 对烟株农艺性状的影响

农艺性状是烟株生长发育过程中营养状况最直接的外在表现。研究烟株的农艺性状与施肥情况的变化规律,有助于探求烟株体内的代谢规律,有助于对基肥和追肥进行合理的分配并获得最佳的追肥时期,从而能够合理地调配烟株营养状况,改善烟叶品质。

基追比和追肥时期对白肋烟生育期烟株的农艺性状有较大的影响。从表 2-5 可以看出,在移栽 45d 后,同等基追比水平下,追肥较早处理(B_1)的叶数、株高、最大叶面积均大于追肥较晚的处理(B_2 和 B_3)。

表 2-5 不同基追比和追肥时期对白肋烟生育期农艺性状的影响

处理	45d			60d			75d		
	叶数	株高/cm	最大叶面积/cm^2	叶数	株高/cm	最大叶面积/cm^2	叶数	株高/cm	最大叶面积/cm^2
A_1B_1	15.61	44.18	1074.13	21.52	133.67	1769.23	24.50	150.55	2088.36
A_1B_2	14.33	41.72	952.45	22.76	107.22	1842.37	25.07	150.81	2216.83
A_1B_3	14.41	39.91	885.66	22.83	137.25	1948.36	26.23	154.92	2350.91
A_2B_1	15.53	41.52	1029.82	22.02	139.21	1804.97	25.02	150.49	2012.56
A_2B_2	15.27	40.36	1020.81	22.70	142.96	1858.94	24.71	145.31	2125.00

续表

| 处理 | 45d | | | 60d | | | 75d | | |
	叶数	株高/cm	最大叶面积/cm²	叶数	株高/cm	最大叶面积/cm²	叶数	株高/cm	最大叶面积/cm²
A_2B_3	14.19	39.51	939.57	24.83	144.62	1835.77	25.25	157.42	2188.61
A_3B_1	15.26	46.32	1086.23	20.26	122.50	1649.21	23.73	142.70	1909.53
A_3B_2	14.61	44.28	952.44	23.20	123.31	1850.25	24.85	149.55	2167.21
A_3B_3	13.37	40.12	1057.41	19.84	118.61	1791.16	26.33	151.56	1998.76

2. 对烟株干物质积累动态变化的影响

1) 对白肋烟单株干物质积累动态变化的影响

干物质积累是反映植株生长发育动态的重要指标，在各种对干物质积累产生影响的因素中，基追比和追肥时期显得十分重要。如图 2-6 所示，在白肋烟生育期，各处理单株干物质积累整体表现为 "S" 形增长趋势，不同的基追比和追施时期影响白肋烟整个生育期干物质积累的规律。

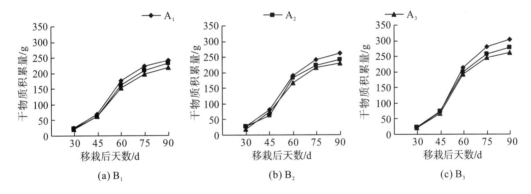

图 2-6　基追比和追肥时期对白肋烟干物质积累的影响

基追比影响着烟株生育期的干物质积累量和积累速率。在移栽 45d 内，各施肥处理之间干物质积累量差异较小。移栽 60d 后，A_3 处理干物质积累量明显低于 A_1、A_2 处理，整个生育期内高追肥处理 A_1 的干物质积累速度最快，干物质积累量最大，在移栽 75d 后，干物质积累速率逐渐减缓，低追肥处理 A_2、A_3 减缓幅度大于高追肥处理 A_1。在移栽 90d 后，干物质积累量为 $A_1>A_2>A_3$，说明提高追肥比例能够提高烟株的营养水平，增加干物质积累量。

追施时期不同，单株干物质积累量有一定的差异。在移栽 45d 内，各处理干物质积累量无明显差异，移栽 45d 后，烟株进入旺长期，干物质积累量和积累速率明显增加，追肥时期对干物质积累的影响增大，追肥时期较晚的处理 B_2、B_3 的干物质积累量明显高于追肥时期早的处理 B_1，且随着追肥次数的增加，两次追肥处理均以 B_3 干物质积累量最大，移栽 90d 后，干物质积累量为 $B_3>B_2>B_1$。可见在移栽 30d 内，延迟追肥时间能够增加烟株的合成能力，增加干物质积累量，其中 15d 和 30d 各追施一半的处理表现最好。

从不同基追比和追施时期对白肋烟各生育期单株干物质积累动态变化的影响来看，在移栽 30d 内，各生育期白肋烟干物质积累量均随着追肥比例的增加、追肥时间的延迟和追肥次数的增加而增大。

2）对白肋烟根部干物质积累的影响

由图 2-7 可知，各处理的根部干物质积累量随生育期的推进而增加。移栽 45d 内，各处理根部干物质积累量增加缓慢，各处理之间的差异不明显，移栽 45d 后积累速率急剧增大，移栽 60d 后逐渐减缓。从移栽 45d 开始，高追肥处理 A₁ 的干物质积累速率明显高于低追肥处理 A₂、A₃。移栽后 45～60d，追肥时期较晚的处理 B₂、B₃ 的干物质积累速率明显高于追肥时期早的处理 B₁，移栽 60d 后，各处理之间的干物质积累速率差异逐渐减小。总体表现为 A₁B₃ 处理组合的干物质积累量最大，说明适当地增加追肥量、延迟追肥时间和增加追肥次数能够促进烟株根系发育，增大根部干物质积累量。

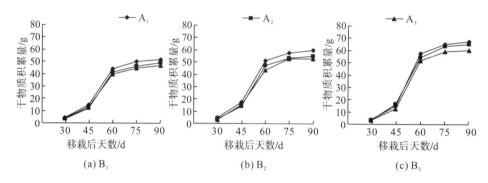

图 2-7 基追比和追肥时期对白肋烟根部干物质积累的影响

2.3.2 基追比和追肥时期对晾后烟叶品质的影响

1. 对烟叶化学成分的影响

化学成分是决定烟草品质的内在因素，各处理不同部位主要化学成分测定结果见表 2-6。

表 2-6 各处理对晾后烟叶主要化学成分含量的影响

部位	处理	总糖/%	还原糖/%	总氮/%	烟碱/%	氯/%	氮碱比
	A₁B₁	1.56a	0.54a	4.17c	4.71b	0.71ab	0.89b
	A₁B₂	1.35b	0.48b	4.38b	4.76b	0.73a	0.92a
	A₁B₃	1.39b	0.46b	4.47a	5.18a	0.68b	0.86b
	A₂B₁	1.47a	0.51a	4.06b	4.25c	0.80a	0.96a
上部叶	A₂B₂	1.33b	0.47ab	4.14b	5.03a	0.75b	0.82b
	A₂B₃	1.37ab	0.43b	4.30a	4.67b	0.73b	0.92a
	A₃B₁	1.42a	0.46a	3.97a	4.09b	0.84a	0.97a
	A₃B₂	1.38a	0.42a	4.01a	4.36a	0.76b	0.92b
	A₃B₃	1.31a	0.43a	3.82b	4.34a	0.81a	0.88b

续表

部位	处理	总糖/%	还原糖/%	总氮/%	烟碱/%	氯/%	氮碱比
中部叶	A_1B_1	1.63a	0.61a	3.86b	3.53c	0.74a	1.09a
	A_1B_2	1.58a	0.53b	4.05a	3.82b	0.75a	1.06a
	A_1B_3	1.59a	0.50c	4.09a	4.27a	0.63b	0.96b
	A_2B_1	1.57a	0.54a	3.69b	5.65a	0.79b	0.65c
	A_2B_2	1.46b	0.51a	3.94a	3.30c	0.90a	1.19a
	A_2B_3	1.42b	0.46b	3.51c	4.61b	0.82b	0.76b
	A_3B_1	1.40ab	0.55a	3.43c	4.11a	0.86b	0.83c
	A_3B_2	1.43b	0.53a	3.82b	3.68b	0.83b	1.04a
	A_3B_3	1.34b	0.42b	4.03a	4.13a	0.92a	0.98b

注：表中字母 a、b、c 等表示同一列在 $P_{0.05}$ 水平下的统计显著性差异，不同小写字母表示处理之间差异显著（$P<0.05$）；相同小写字母表示差异不显著（$P>0.05$），下同。

晾后烟叶不同部位间化学成分存在比较明显的差异，总糖和还原糖含量整体上表现为中部叶高于上部叶，其变化规律基本一致；不同部位烟叶总氮和烟碱含量则整体上表现为上部叶高于中部叶，随着部位的升高，烟叶中总氮和烟碱含量增加，但总氮含量部位间的差异小于烟碱含量部位间的差异，因此随着叶位的升高，氮碱比逐渐下降，表现为中部叶整体上大于上部叶；不同部位氯含量也随着叶位的升高而降低，表现为中部叶整体上大于上部叶。

随着追肥比例的增大，总糖和还原糖的含量呈增加的趋势，但对上部叶还原糖的影响不明显，总氮含量也随着追肥比例的升高明显地增加。基追比和追肥时期的交互作用对烟叶化学成分有较大的影响。

2. 对烟叶外观质量的影响

烟叶外观质量与内在化学成分有较强的关联性。基追比和追肥时期对晾后烟叶外观质量的影响见表 2-7，随着追肥量的增加，晾后烟叶的叶片结构由松到密，油分增多，颜色变深，但当追肥量超过一定的范围后，叶片结构变密，身份变厚，说明只有在一定的范围内，增加追肥量才有利于提高烟叶的外观质量。追肥时期对烟叶的外观质量也有明显的影响，烟叶的颜色随着追肥时期的推迟而加深。处理组合中以 A_2B_2 和 A_2B_3 处理的叶片厚薄适中、结构疏松、光泽鲜明，总体外观质量最好。

表 2-7　不同处理晾后烟叶外观质量比较

处理	成熟度	油分	颜色	光泽	叶片结构	身份
A_1B_1	成熟	多	红黄	较暗	稍密	较厚
A_1B_2	成熟	多	红棕	暗	稍密	厚
A_1B_3	成熟	多	红黄	暗	尚疏松	较厚
A_2B_1	成熟	多	近红黄	尚鲜明	疏松	适中
A_2B_2	成熟	多	红黄	鲜明	疏松	适中

续表

处理	成熟度	油分	颜色	光泽	叶片结构	身份
A_2B_3	成熟	多	红黄	鲜明	疏松	适中
A_3B_1	尚熟	少	浅红黄	较暗	松	较薄
A_3B_2	成熟	稍有	近红黄	尚鲜明	尚疏松	尚适中
A_3B_3	成熟	稍有	近红黄	鲜明	疏松	尚适中

3. 对烟叶感官评吸的影响

各处理晾后烟叶感官评吸比较见表 2-8。不同基追比和追肥时期对白肋烟烟叶感官评吸有一定的影响。追肥时期对晾后烟叶感官评吸有较大的影响，在同一基追比水平下推迟追肥时期，烟叶的劲头和香气量增大，同时白肋烟风格程度增强。从各个处理组合可以看出，基追比和追肥时期对烟叶的燃烧性影响不大。

表 2-8　各处理晾后烟叶感官评吸比较

处理	香型风格	风格程度	香气量	杂气	劲头	刺激性	余味	燃烧性	质量档次
A_1B_1	白肋型	较显著	尚足	有	中等	较大	微苦	强	中偏下
A_1B_2	白肋型	显著	足	较大	较大	大	微苦	强	中等
A_1B_3	白肋型	显著	足	较大	较大	较大	尚适	强	中偏上
A_2B_1	白肋型	较显著	尚足	有	中等	有	较适	强	中等
A_2B_2	白肋型	显著	足	有	较大	有	较适	强	中偏上
A_2B_3	白肋型	显著	足	有	较大	有	较适	强	中偏上
A_3B_1	白肋型	有	有	较大	中等	有	尚适	强	中偏下
A_3B_2	白肋型	较显著	尚足	较大	中等	较大	尚适	强	中偏下
A_3B_3	白肋型	较显著	尚足	有	中等	较大	较适	强	中等

4. 对中性香气物质含量的影响

芳香族氨基酸类降解产物(如苯甲醇、苯乙醇)是烟草中含量较为丰富的香气物质，这些成分可直接分解为香气物质。试验结果表明，在 3 个基追比水平下，芳香族氨基酸类降解产物含量大致表现为 B_3 处理最高，B_2 处理次之，B_1 处理最低，随追肥时间的延迟和追肥次数的增加表现出增高的趋势，但增高的趋势不明显；在相同的追肥时期，芳香族氨基酸类降解产物含量表现为 A_1 处理最高，A_2 处理次之，A_3 处理最低，随追肥比例的增大表现出增高的趋势(表 2-9)。

表 2-9　各处理对白肋烟中性香气物质含量的影响　　　　　　　(单位：μg/g)

中性香气物质	A_1			A_2			A_3		
	B_1	B_2	B_3	B_1	B_2	B_3	B_1	B_2	B_3
苯甲醛	1.45	1.80	1.93	1.27	1.33	1.29	0.95	1.22	1.07
苯乙醛	0.58	0.73	0.89	0.46	0.57	0.59	0.36	0.35	0.47
苯甲醇	10.22	11.27	12.42	8.47	10.53	9.83	7.28	7.01	8.81

续表

中性香气物质	A₁			A₂			A₃		
	B₁	B₂	B₃	B₁	B₂	B₃	B₁	B₂	B₃
苯乙醇	9.73	12.07	12.92	8.63	9.42	10.18	6.95	4.58	8.03
芳香族氨基酸类降解产物(总计)	21.98	25.87	28.16	18.83	21.85	21.89	15.54	13.16	18.38
糠醛	9.38	16.45	18.35	9.46	13.31	15.34	6.03	6.81	8.43
糖醇	1.15	1.39	1.66	0.65	1.03	1.37	0.38	0.57	0.63
2-乙酰基呋喃	0.25	0.29	0.33	0.15	0.17	0.19	0.11	0.13	0.14
5-甲基糠醛	2.14	2.63	2.72	2.12	2.32	2.38	1.54	1.86	2.11
3,4-二甲基-2,5-呋喃二酮	19.33	22.75	22.75	16.73	19.31	20.18	15.27	16.55	19.35
2-乙酰基吡咯	0.14	0.17	0.19	0.09	0.13	0.13	0.04	0.05	0.11
棕色化反应产物类(总计)	32.39	43.68	46.00	29.20	36.27	39.59	23.37	25.97	30.77
6-甲基-5-庚烯-2-酮	0.98	1.91	2.10	1.43	1.54	1.42	0.90	1.22	1.00
芳樟醇	0.94	1.02	1.16	0.67	0.70	0.95	0.53	0.57	0.62
氧代异佛尔酮	0.07	0.11	0.13	0.06	0.07	0.07	0.01	0.02	0.06
β-大马酮	18.57	22.52	25.77	8.60	18.45	21.32	8.74	12.94	12.80
香叶基丙酮	11.60	13.19	14.67	12.07	13.01	13.93	7.60	11.93	10.44
二氢猕猴桃内酯	2.28	2.40	2.41	1.65	1.91	2.18	1.49	1.66	1.69
巨豆三烯酮 1	0.64	0.91	0.96	0.46	0.43	0.54	0.08	0.12	0.11
巨豆三烯酮 2	1.69	2.10	2.34	1.46	1.43	2.00	0.58	0.80	0.90
巨豆三烯酮 4	2.06	2.39	2.82	1.81	1.87	2.44	1.30	1.43	1.98
法尼基丙酮	15.52	16.50	16.84	11.05	12.35	15.17	10.91	12.04	12.34
类胡萝卜素类(总计)	54.35	63.05	69.20	39.26	51.76	60.02	32.14	42.73	41.94
茄酮	87.66	121.47	130.59	74.86	93.25	119.40	53.67	75.73	80.60
类西柏烷类降解产物(总计)	87.66	121.47	130.59	74.86	93.25	119.40	53.67	75.73	80.60
6-甲基-5-庚烯-2-醇	0.69	0.81	0.84	0.52	0.60	0.61	0.45	0.55	0.59
4-乙烯基-2-甲氧基苯酚	0.14	0.16	0.16	0.10	0.11	0.12	0.67	0.10	0.09
脱氢β-紫罗兰酮	0.57	0.71	0.11	0.35	0.48	0.63	0.10	0.26	0.38
3-羟基-β-二氢大马酮	0.96	1.36	1.14	0.36	0.73	0.91	0.14	0.15	0.16
螺岩兰草酮	0.93	1.26	1.41	0.59	0.78	0.97	0.22	0.53	0.56
新植二烯	749.84	925.69	952.72	673.65	753.39	849.89	523.19	589.76	612.64

棕色化反应生成的糖-氨基酸复合物经过进一步降解产生多种氮杂环类化合物,这些氮杂环类化合物具有多种香味特征,是烟叶香气物质的成因之一。试验结果表明,在同等的基追比水平下,随追肥时期的延迟,棕色化反应产物类含量呈增加趋势,且以二次追肥处理(B₃)含量最高;在相同的追肥时期,棕色化反应产物类含量随追肥比例的增大而增加,以 A₁ 处理含量最高。类胡萝卜素类是烟叶中重要香气物质的前体物,与烟草的香气量和香气品质呈正相关关系。烟叶在醇化发酵过程中,降解产生一大类挥发性芳香化合物,烟叶中的中性香气物质很大一部分是类胡萝卜素类的降解产物,对卷烟吸食品

质有重要影响。从表 2-9 可以看出，A_1 水平下 B_3 处理的类胡萝卜素类降解产物含量最高，为 69.20μg/g；A_3 水平下 B_1 处理含量最低，为 32.13μg/g。随追肥比例的提高，类胡萝卜素类降解产物含量表现为增高的趋势。

类西柏烷类化合物是烟草中一类重要的二萜类物质，它最初是以无味的表面蜡质的形式存在于鲜烟叶中，经过调制和陈化，类西柏烷类化合物大部分降解，产生多种重要的香味物质，经过降解后生成的降解产物总数可超过 60 种。西柏三烯的降解产物是烟草中含量最丰富的中性香气物质茄酮的来源。茄酮是烟草中重要的香味成分，它的进一步反应产物大多也具有香味。茄酮的氧杂双环化合物具有特别的香味，在改变烟草香味方面很有益处。从表 2-9 可以看出，A_1 水平下 B_3 处理的类西柏烷类降解产物含量最高，为 130.59μg/g；A_3 水平下 B_1 处理含量最低，为 53.67μg/g。类西柏烷类降解产物含量随追肥比例的增大呈增高的趋势。

新植二烯是烟草中重要的二萜化合物，其香气阈值较高，具有一种微弱的令人愉快的香气。新植二烯在调制和陈化过程中可进一步降解形成其他低分子的香气物质，它具有使烟叶中其他挥发性香气物质进入烟气的作用，同时还具有减轻刺激和柔和烟气的作用。由图 2-8 可以看出，新植二烯的含量占中性香气物质总量的比例较大，且同中性香气物质总量的变化趋势相同。在同一基追比水平下，新植二烯的含量表现为 $B_3>B_2>B_1$，随追肥时期的推迟呈增加的趋势，且以二次追肥处理 B_3 的含量最高；在相同的追肥时期，新植二烯含量表现为 $A_1>A_2>A_3$，新植二烯含量随追肥比例的增大而增加。A_1 水平下 B_3 处理含量最高，为 952.72μg/g。

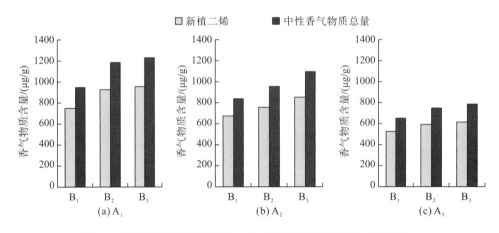

图 2-8　不同处理对白肋烟新植二烯含量和中性香气物质总量的影响

2.4　施氮量对四川达州白肋烟生长发育及产量、质量的影响

氮是烟株生长、发育和影响烟叶产量、质量的重要营养元素之一。确定适宜施氮量是烟叶优质适产的关键。根据四川达州白肋烟主栽品种的需肥特性，确定各主栽品种适宜的施氮量，对促进白肋烟优质稳产具有重要意义。试验于 2007～2008 年在四川达州江阳乡两角寨村白肋烟生产基地进行，土壤为水稻土，试验于移栽前 15d 起垄，行株距为

1.1 m×0.5m，烟苗于每年的 5 月 15 日左右移栽，按生产技术规范田间管理，全田 50%的烟株在第一朵中心花开时一次性打顶，单株留叶 22 片，采用半斩株晾晒方式。土壤 pH 为 4.51，有机质含量为 21.6g/kg，速效氮含量为 38.2mg/kg，速效磷含量为 10.3mg/kg，速效钾含量为 104.1mg/kg。

采用双因素试验：A 因素为品种，分达白 1 号（A_1）、达所 24（A_2）、鄂烟 1 号（A_3）；B 因素为施氮量，分 3 个等级，即施纯氮 165kg/hm²（N_1）、195kg/hm²（N_2）、225kg/hm²（N_3），肥料由当地生产上专用的烟草复合肥（N：P_2O_5：K_2O=1：1：2）提供，以 60%作为基肥于移栽当日全部穴施，40%追施，于移栽后 20d 在烟株两侧穴施。试验采用完全随机区组设计，共 9 个处理，每个处理重复 3 次，小区面积 42m²。

在各处理采收前一周，选取每个处理有代表性的烟株 10 株，测定各处理的株高、茎围、最大叶长和叶宽等农艺性状。各处理于移栽后 30d、40d、50d、60d、70d、80d 取有代表性的烟株 3 株，将根、茎、叶分开，冲洗干净，在 105℃杀青 15min，70℃烘干至恒重，计算各处理的干物质积累量，然后将样品粉碎，过 60 目筛，用于测定烟碱和总氮的积累。调制结束后，取各处理上、中、下同一级别的烟叶 2kg，粉碎过 60 目筛，用于测定烟叶的总糖、还原糖、烟碱、总氮、钾、氯等常规化学成分。调制结束后，各小区分别计产，计算烟叶均价、等级，取各处理的平均值。

2.4.1　施氮量对白肋烟发育过程中各器官干物质积累的影响

1. 施氮量对白肋烟不同品种发育过程中烟株和叶片干物质积累的影响

烟草的品质同烟草从移栽到收获期间的生长特性有很大的关系。在大田生长过程中，正常情况下，烟草干物质积累受氮供应情况的影响最大。从表 2-10 可以看出，在白肋烟的生长发育过程中，各个处理烟株干物质积累量随生育期的推进而增加，在移栽后 40～80d 干物质积累量快速增加，但干物质积累量有差异。

叶片干物质积累与烟株干物质积累规律基本上一致，在团棵期时各品种之间随着施氮量的增加，叶片干物质积累量表现出先增加后减小的趋势，但差别不大，但进入旺长期后，三个品种的叶片干物质积累量都随施氮量的增加而增加，整体表现趋势为 $N_3 > N_2 > N_1$，说明施氮量对白肋烟发育前期叶片干物质积累的影响不大，但施氮量超过 225kg/hm² 可能会抑制白肋烟发育前期叶片干物质的积累；不同品种之间叶片干物质积累的速度也有差别，达所 24 在移栽 60d 前叶片干物质积累最快，移栽 60d 后积累速度相对较慢。

表 2-10　施氮量对白肋烟发育过程中烟株和叶片干物质积累的影响 （单位：g/株）

部位	处理	30d	40d	50d	60d	70d	80d
	A_1N_1	21.6	46.3	75.7	118.1	192.5	252.2
	A_1N_2	25.8	65.7	98.2	140.9	212.8	272.9
	A_1N_3	21.8	58.6	109.3	140.5	229.8	296.2
烟株	A_2N_1	25.2	55.1	82.8	103.7	169.9	238.5
	A_2N_2	32.7	77.2	101.1	125.7	180.9	251.9
	A_2N_3	28.7	80.2	112.3	130.9	194.8	279.5

部位	处理	30d	40d	50d	60d	70d	80d
烟株	A_3N_1	18.4	42.5	76.6	112.1	169.7	246.6
	A_3N_2	30.0	57.5	96.1	128.5	190.8	263.6
	A_3N_3	25.9	52.4	105.1	134.5	204.5	289.4
叶片	A_1N_1	14.9	31.2	42.8	60.4	91.9	135.5
	A_1N_2	17.9	42.1	48.6	68.9	101.2	148.3
	A_1N_3	16.4	36.9	54.7	73.8	109.6	162.1
	A_2N_1	18.4	34.7	45.8	55.5	78.4	127.6
	A_2N_2	23.2	46.9	52.2	66.8	84.6	135.3
	A_2N_3	20.9	54.1	56.6	69.3	89.4	145.5
	A_3N_1	13.1	26.9	43.8	58.4	84.7	130.6
	A_3N_2	21.7	37.8	46.5	67.6	91.4	138.7
	A_3N_3	19.4	34.1	52.4	69.7	97.9	153.2

2. 施氮量对白肋烟发育过程中烟茎和根系干物质积累的影响

各处理的烟茎的干物质也随着生育期的推进而增加。同一品种之间，N_1 处理烟茎和根系干物质积累量一直处于最小，移栽后 40d，不同施氮量下烟茎和根系干物质积累量表现为 $N_2>N_3>N_1$；除达白 1 号 N_2 处理烟茎和根系干物质积累量在移栽 60d 左右时大于 N_3 处理外，其余 2 个品种在移栽 60d 时的烟茎和根系干物质积累量均表现为 $N_3>N_2>N_1$（表 2-11）。

表 2-11　施氮量对白肋烟发育过程中烟茎和根系干物质积累的影响　　　（单位：g/株）

部位	处理	30d	40d	50d	60d	70d	80d
烟茎	A_1N_1	3.1	6.7	14.1	30.1	59.1	66.2
	A_1N_2	4.0	10.1	26.0	35.6	68.4	71.4
	A_1N_3	3.2	8.8	25.9	32.3	73.9	75.8
	A_2N_1	3.1	8.6	15.9	24.6	56.9	63.1
	A_2N_2	4.9	14.8	23.6	29.1	59.8	64.7
	A_2N_3	3.7	11.3	25.3	30.4	69.3	76.5
	A_3N_1	2.6	7.7	15.4	27.8	54.1	66.3
	A_3N_2	3.7	9.7	23.4	31.9	61.2	69.4
	A_3N_3	3.2	8.7	22.9	33.6	63.2	77.4
根系	A_1N_1	2.7	8.4	18.8	27.7	41.5	50.5
	A_1N_2	3.9	13.5	23.6	36.4	43.3	53.3
	A_1N_3	3.2	12.9	28.7	34.4	46.4	58.3
	A_2N_1	3.8	11.8	21.1	23.6	34.6	47.8
	A_2N_2	4.7	15.5	25.3	29.8	36.5	51.9
	A_2N_3	4.2	14.8	30.4	31.2	36.2	57.5
	A_3N_1	2.7	7.9	17.4	25.9	31.0	49.7
	A_3N_2	4.6	10.1	26.2	29.0	38.2	55.5
	A_3N_3	3.4	9.6	29.8	31.2	43.4	58.8

2.4.2　施氮量对不同品种采收前农艺性状的影响

不同处理采收前农艺性状的比较见表 2-12，达白 1 号的叶长、叶宽均大于鄂烟 1 号和达所 24。各品种的叶长、叶宽、茎围、株高均表现出随施氮量的增加而增加的趋势，结果表明，随着施氮量的增加，白肋烟的烟株生长呈增加趋势，但可能导致内部化学成分不协调。

表 2-12　采收前各处理农艺性状的比较

处理	叶长/cm	叶宽/cm	茎围/cm	株高/cm
A_1N_1	58.48	26.76	8.50	126.50
A_1N_2	61.40	30.54	8.62	130.62
A_1N_3	64.16	32.16	8.88	141.30
A_2N_1	55.82	25.86	8.30	101.96
A_2N_2	58.80	28.28	8.45	120.62
A_2N_3	59.44	29.10	8.50	128.73
A_3N_1	54.10	25.10	8.24	120.38
A_3N_2	59.64	28.80	8.74	132.30
A_3N_3	63.25	30.74	9.12	137.62

2.4.3　施氮量对不同品种晾后烟叶化学成分的影响

1. 施氮量对不同品种晾后烟叶总糖和还原糖含量的影响

总糖是晾制过程中烟叶饥饿代谢的呼吸消耗基质，白肋烟晾制时间越长，总糖消耗就越多，调制得当的白肋烟很少有糖分。表 2-13 表明，随着施氮量的增加，总糖和还原糖均呈减小趋势；品种间比较时，在相同部位、施氮量下，达所 24 的总糖和还原糖含量多高于达白 1 号和鄂烟 1 号，达白 1 号的总糖和还原糖含量均为最低。

表 2-13　施氮量对不同品种晾后烟叶总糖和还原糖含量的影响

处理	总糖/%			还原糖/%		
	上部叶	中部叶	下部叶	上部叶	中部叶	下部叶
A_1N_1	1.39	1.45	1.37	0.68	0.71	0.67
A_1N_2	1.34	1.33	1.29	0.66	0.65	0.63
A_1N_3	1.25	1.27	1.25	0.61	0.64	0.58
A_2N_1	1.56	1.61	1.53	0.87	0.91	0.74
A_2N_2	1.51	1.53	1.43	0.80	0.85	0.71
A_2N_3	1.46	1.49	1.41	0.73	0.74	0.76
A_3N_1	1.51	1.56	1.50	0.83	0.88	0.85
A_3N_2	1.39	1.43	1.34	0.80	0.84	0.77
A_3N_3	1.35	1.38	1.26	0.73	0.78	0.69

2. 施氮量对不同品种晾后烟叶总氮和烟碱含量的影响

表 2-14 表明，同一品种之间随着施氮量的增加，总氮含量增加，除达白 1 号 N_2 与 N_3 施氮量的上部叶和下部叶的总氮含量差异不明显外，随着施氮量的增加，不同处理各部位之间总氮含量均表现出显著差异，烟碱含量随施氮量的增加表现出增加趋势，除中部叶烟碱含量随施氮量增加达到显著差异外，上部叶和下部叶烟碱含量随施氮量增加的差异不显著；在同一施氮量下，随着叶位的升高，总氮和烟碱均呈增加趋势，其含量从高到低依次为上部叶、中部叶、下部叶；不同品种比较时，在相同部位、施氮量下，达所 24 总氮含量均大于达白 1 号和鄂烟 1 号，鄂烟 1 号总氮含量最低，在相同施氮量下，达所 24 各部位烟碱含量均为最高，达白 1 号上、下部叶烟碱含量最低，鄂烟 1 号中部叶烟碱含量最低。

表 2-14　施氮量对不同品种晾后烟叶总氮和烟碱含量的影响

处理	总氮/%			烟碱/%			氮碱比		
	上部叶	中部叶	下部叶	上部叶	中部叶	下部叶	上部叶	中部叶	下部叶
A_1N_1	3.75	3.57	3.43	5.78	4.96	3.74	0.65	0.72	0.92
A_1N_2	3.80	3.75	3.59	5.89	5.21	3.95	0.65	0.72	0.91
A_1N_3	3.86	3.84	3.67	6.05	5.38	3.96	0.64	0.71	0.93
A_2N_1	3.82	3.65	3.59	6.42	5.56	4.86	0.60	0.66	0.74
A_2N_2	3.93	3.78	3.70	6.58	5.68	4.93	0.60	0.67	0.75
A_2N_3	4.20	3.97	3.84	6.95	5.81	4.96	0.60	0.68	0.77
A_3N_1	3.52	3.47	3.11	5.89	4.78	4.31	0.60	0.73	0.72
A_3N_2	3.63	3.55	3.35	5.99	4.92	4.45	0.61	0.72	0.75
A_3N_3	3.78	3.69	3.52	6.22	5.17	4.62	0.62	0.71	0.76

3. 施氮量对不同品种晾后烟叶钾、氯含量的影响

表 2-15 表明，同一品种之间随着施氮量的增加，钾含量增加，且相同部位之间均表现出显著差异，除鄂烟 1 号上、中部叶外，氯含量均表现出减小的趋势，但差异不明显，除鄂烟 1 号 N_2 施氮量中部叶钾氯比高于 N_3 施氮量外，钾氯比随施氮量的增加呈增加趋势；在同一施氮量下，随着叶位的升高，钾含量和钾氯比均呈减小趋势，钾含量和钾氯比均为下部叶>中部叶>上部叶，氯含量随部位升高变化不大。

表 2-15　施氮量对不同品种晾后烟叶钾和氯含量的影响

处理	钾/%			氯/%			钾氯比		
	上部叶	中部叶	下部叶	上部叶	中部叶	下部叶	上部叶	中部叶	下部叶
A_1N_1	4.11	4.68	5.01	0.53	0.49	0.46	7.75	9.49	10.90
A_1N_2	4.31	4.81	5.33	0.51	0.47	0.44	8.45	10.24	12.12
A_1N_3	4.67	5.13	5.56	0.47	0.44	0.43	9.94	11.66	12.92
A_2N_1	3.43	4.39	4.66	0.62	0.58	0.56	5.53	7.57	8.33
A_2N_2	3.65	4.52	4.85	0.61	0.57	0.55	6.02	7.93	8.82
A_2N_3	3.87	4.76	5.13	0.58	0.56	0.55	6.67	8.50	9.33

处理	钾/%			氯/%			钾氯比		
	上部叶	中部叶	下部叶	上部叶	中部叶	下部叶	上部叶	中部叶	下部叶
A_3N_1	3.81	4.33	4.92	0.52	0.54	0.62	7.33	8.03	7.94
A_3N_2	4.17	4.64	5.07	0.55	0.57	0.60	7.58	8.15	8.44
A_3N_3	4.66	4.82	5.35	0.58	0.61	0.57	8.03	7.95	9.39

2.4.4　施氮量对不同品种经济性状的影响

表 2-16 表明，达白 1 号和鄂烟 1 号随施氮量的增加，产量、产值、均价和上、中等烟比例都呈增加趋势，且 N_3 施氮量均显著高于 N_2 和 N_1 施氮量，达所 24 产量随施氮量增加而增加，产值、均价和上、中等烟比例均随施氮量增加呈先增加后降低的趋势；在相同施氮量下，达白 1 号的产量、产值和上、中等烟比例多优于达所 24 和鄂烟 1 号，达白 1 号 N_3 施氮量的产量、产值、均价和中、上等烟比例最高，达所 24 N_1 施氮量的产量、产值最低，达所 24 N_3 施氮量的均价、上等烟比例最低，鄂烟 1 号 N_1 施氮量的中等烟比例最低。

表 2-16　施氮量对不同品种晾后烟叶经济性状的影响

处理	产量/(kg/hm²)	产值/(元/hm²)	均价/(元/kg)	上等烟比例/%	中等烟比例/%
A_1N_1	2597.27	13947.34	5.37	5.26	73.58
A_1N_2	2720.61	15017.77	5.52	5.48	76.44
A_1N_3	2888.56	17244.70	5.97	7.36	78.83
A_2N_1	2487.49	13059.32	5.25	4.28	73.82
A_2N_2	2638.13	14720.77	5.58	5.05	74.73
A_2N_3	2727.26	13554.48	4.97	2.52	72.89
A_3N_1	2492.99	13362.43	5.36	5.36	72.16
A_3N_2	2575.16	14034.62	5.45	5.49	75.43
A_3N_3	2820.22	16611.10	5.89	6.04	78.78

2.4.5　施氮量对不同品种晾后烟叶感官评吸的影响

烟叶内在品质的优劣最终体现在评吸效果上，施氮量对不同品种晾后烟叶感官评吸的影响见表 2-17。由表 2-17 可知，N_1 施氮量三个品种的香气量均不足，达白 1 号和鄂烟 1 号 N_3 施氮量的感官评吸较好，香气量尚足，劲头中等，余味较适；达所 24 N_2 施氮量的感官评吸较好，N_3 施氮量的感官评吸最差，香气量尚足，但杂气略重，刺激性较大。

表 2-17　施氮量对不同品种晾后烟叶感官评吸的影响

处理	香型风格	风格程度	香气量	杂气	劲头	余味	燃烧性	刺激性	质量档次
A_1N_1	白肋型	有	有	有	中等	尚适	强	有	中等
A_1N_2	白肋型	较显著	尚足	有	中等	尚适	强	有	中等
A_1N_3	白肋型	较显著	尚足	有	中等	较适	强	有	中等偏上
A_2N_1	白肋型	有	有	有	中等	尚适	强	有	中等

处理	香型风格	风格程度	香气量	杂气	劲头	余味	燃烧性	刺激性	质量档次
A_2N_2	白肋型	较显著	尚足	有	中等	较适	强	有	中等偏上
A_2N_3	白肋型	较显著	尚足	略重	较大	微苦	强	较大	中等偏下
A_3N_1	白肋型	有	有	有	中等	微苦辣	强	有	中等
A_3N_2	白肋型	较显著	尚足	有	中等	尚适	强	有	中等
A_3N_3	白肋型	较显著	尚足	有	中等	较适	强	稍大	中等偏上

2.5 灌溉方式和灌水量对烟株生长发育和烟叶经济性状的影响

云南大理白肋烟产区的水资源较为缺乏，在烟叶生产上，由于降水量不足或分布不均匀，土壤水分不能满足烟草生育期生长发育的需要，土壤干旱时常发生。水分利用成为影响烟叶生产的重要因子之一，所以烟田灌水在云南大理白肋烟的生产中显得尤为重要。根据烟草不同生育时期的需水特点，科学地调控烟田土壤水分状况，发展烟草节水优化灌溉具有重要意义。近年来，我们根据云南大理白肋烟产区生态条件，积极引进了微喷这一节水灌溉方式，并开展了相关技术研究与示范，取得了显著成效。

微喷灌溉是在一定压力条件下，使水分通过摆布烟行间的微喷带，从微喷带上侧的微孔呈雾状射出的灌水方法。微喷效率较高，可移动性较强，省水省工，灌溉均匀度高，对土壤理化性状影响小，可以有效满足烟草生长发育对水分的需求。为了探索微喷灌溉对白肋烟的应用效果，在云南大理产区设置了烟草灌溉试验，探讨了逐沟灌、交替隔沟灌、微喷灌 3 种灌溉方式下不同灌水量对烟株生长发育、烟叶产量和质量及水分利用效率的影响，旨在为优化烟田灌溉提供依据(沈广材等，2011)。

试验设在云南大理宾川县力角镇白肋烟种植示范区。试验区海拔为1400~1600m，年平均气温为17~20℃，年降水量为550~700mm，6~8月日均温≥21℃，6~8月平均日照时数160~190h，日照百分率为42%~46%，6~8月平均降水量为90~135mm，该区光照充足，热量充沛，水分适中，有利于白肋烟的生产。

试验以生育期灌溉方式(微喷灌、交替隔沟灌和逐沟灌)、灌水定额、灌水次数及灌水量设置 6 个处理，各处理见表 2-18。烟苗于 5 月 3 日移栽，烟田移栽后 75d 打顶，半整株成熟采收晾制。两次灌水处理的时间分别为 5 月 19 日和 6 月 11 日。采用单因素随机区组设计，设 3 次重复，小区面积为 55m×4.4m，行株距为 1.1m×0.55m。

表 2-18　不同灌溉方式与灌水量试验设计

处理	灌溉方式	灌水定额/(mm/次)	灌水次数	灌水量/mm
CK	—	0	0	0
1	微喷灌	12	2	24
2	微喷灌	24	2	48
3	微喷灌	36	2	72
4	交替隔沟灌	48	2	96
5	逐沟灌	60	2	120

2.5.1　灌溉方式和灌水量对烟株生长发育的影响

1. 灌溉方式和灌水量对烟株株高的影响

从图 2-9 可以看出，第 1 次灌水后 10d（5 月 29 日），灌水处理烟株株高均高于未灌水的，且随着灌水量的增加，烟株生长加快，以逐沟灌 60mm 的烟株株高最高，其与交替隔沟灌 48mm 的处理差异较小。第 2 次灌水后 10d（6 月 21 日），灌水处理的烟株株高与未灌水对照的差异进一步加大，其中微喷灌 36mm 处理与交替隔沟灌 48mm 处理的株高基本相同，且均显著高于对照。旺长后期（7 月 18 日），微喷灌 36mm 处理的烟株株高超过逐沟灌 60mm 的株高。烟株进入成熟期后，由于自然降水补充土壤水分，未灌水的对照烟株生长量相对增大，但株高与其他处理相比仍然最低；各灌水处理的株高增加量相对较小，以微喷灌 36mm 的处理烟株株高最高，其次为微喷灌 24mm 和逐沟灌 60mm 的处理。

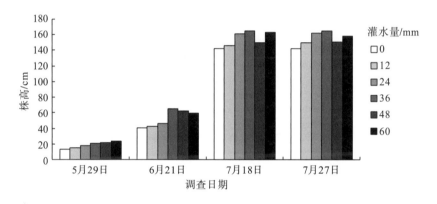

图 2-9　烟草不同生育期各处理株高的变化

2. 灌溉方式和灌水量对烟株茎围的影响

从图 2-10 可以看出，第 1 次灌水后 10d（5 月 29 日），灌水各处理烟株的茎围在微喷灌 36mm 时达到最大，交替隔沟灌 48mm 的处理与微喷灌 24mm 的处理下的茎围基本相同。第 2 次灌水后 10d（6 月 21 日），灌水处理的烟株茎围与未灌水对照的差异进一步加大，微喷灌 36mm 处理的茎围最大，逐沟灌 60mm 的处理茎围与对照的差异不大。旺长后期，灌水处理的茎围差异明显，微喷灌 36mm 的处理烟株茎围最大，微喷灌 24mm 的处理茎围大于交替隔沟灌 48mm 和逐沟灌 60mm 的处理。烟株进入成熟期后，各处理烟株的茎围基本无变化。

3. 灌溉方式和灌水量对烟株有效叶片数的影响

由图 2-11 可知，第 1 次灌水后 10d（5 月 29 日），灌水各处理烟株有效叶片数与未灌水对照的差异明显，其中微喷灌 12mm 的处理与未灌水对照的差异最小，交替隔沟灌 48mm 的处理有效叶片数最多。第 2 次灌水后 10d（6 月 21 日），随着灌水量的增加，烟株有效叶片数也随之增加，逐沟灌 60mm 的处理有效叶片数最多。旺长后期，烟株有效叶片数以微喷灌 36mm 的处理最多，交替隔沟灌 48mm 和逐沟灌 60mm 的处理叶片数多于微喷灌 24mm 的处理。

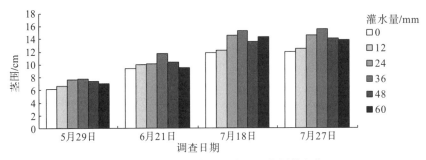

图 2-10　烟草不同生育期各处理茎围的变化

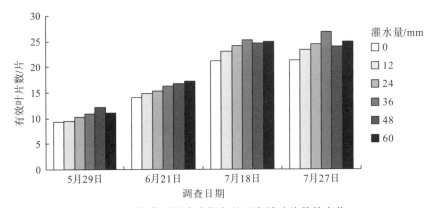

图 2-11　烟草不同生育期各处理有效叶片数的变化

4. 灌溉方式和灌水量对烟株最大叶长的影响

由图 2-12 可知，第 1 次灌水后 10d（5 月 29 日），随着灌水量的增加，最大叶长逐渐增大。第 2 次灌水后 10d（6 月 21 日），微喷灌 36mm 的处理叶片最长，其次为微喷灌 24mm 的处理，两者均大于交替隔沟灌 48mm 和逐沟灌 60mm 的处理。旺长后期，微喷灌 36mm 的处理叶片最长，而逐沟灌 60mm 的处理大于交替隔沟灌 48mm 的处理。烟株进入成熟期后，各处理烟株最大叶长基本不变。

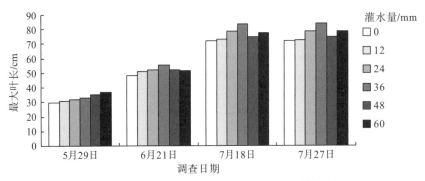

图 2-12　烟草不同生育期各处理最大叶长的变化

5. 灌水量对烟株最大叶宽的影响

由图 2-13 可知，第 1 次灌水后 10d(5 月 29 日)，灌水处理的烟株最大叶宽均大于未灌水对照，以交替隔沟灌 48mm 的处理最大，微喷灌 36mm 处理和逐沟灌 60mm 处理的差异不大。第 2 次灌水后 10d(6 月 21 日)，逐沟灌 60mm 的处理叶宽最大，微喷灌 24mm 和 36mm 的处理均大于交替隔沟灌 48mm 的处理。旺长后期和成熟期，均以微喷灌 36mm 的处理叶宽最大，逐沟灌 60mm 的处理次之，交替隔沟灌 48mm 和微喷灌 24mm 的处理差异不大，并且在旺长后期和成熟期，各处理最大叶宽的差异不明显。

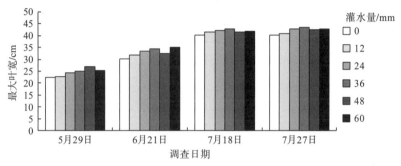

图 2-13　烟草不同生育期各处理最大叶宽的变化

2.5.2　灌溉方式和灌水量对烟叶经济性状的影响

从表 2-19 可以看出，灌水量由 12mm 增加到 36mm 时，烟叶的产量、产值和均价均增加；灌水量从 36mm 增加到 60mm 时，产量和产值均呈现出先减小后增大的趋势，但均价呈减小趋势。不同灌水处理烟叶的产量、产值和均价均以 36mm 的处理最高。

表 2-19　不同灌水量的烟叶经济性状比较

处理	灌水量/mm	产量/(kg/hm²)	产值/(元/hm²)	均价/(元/kg)
CK	0	3865.7	47857.37	12.38
1	12	4097.3	51830.85	12.65
2	24	4477.5	56774.70	12.68
3	36	4734.0	60358.50	12.75
4	48	4338.7	54797.78	12.63
5	60	4385.6	55258.56	12.60

2.6　烟田微喷灌溉灌水定额对土壤物理特性和养分运移的影响

水分是烟叶生长发育和产量、品质形成的重要物质基础，烟田灌溉是烟叶正常生长和烟叶优质稳产的保障。生长前期，持续少雨干旱是制约云南大理烟草生产发展的主要气象因子，这不仅影响烟草对肥料的利用效率，导致烟株生长缓慢，叶片小，有效叶少，产量和质量下降，还会造成烟株对氮的吸收高峰期推迟，使烟株在成熟期持续吸收较多的氮，上部烟叶贪青不落黄，烤后叶片厚而色暗，在工业上难以利用。我们在云南大理以不灌水和逐沟灌为对照，设置不同微喷灌灌水定额，进行了微喷灌水定额对土壤物理性状和养分运移影响的试验，旨在为确定合理的灌水方法和灌水参数提供依据(沈广材等，2011)。

试验于 2010 年在云南大理进行，品种为 TN86，集中漂浮育苗，大田管理按当地推荐方案进行。试验以全生育期不灌水和逐沟灌为对照，以不同微喷灌灌水定额为处理。灌溉方法、灌水定额、灌水次数及灌水量见表 2-20。本试验灌水处理的两次灌水时间分别为 5 月 29 日、6 月 15 日。试验采用单因素随机区组设计，设 3 次重复，小区面积为 50m×4.8m，行距为 1.2m，株距为 0.5m。

表 2-20　不同灌水处理的灌水定额和灌水量

处理	灌溉方法	灌水定额/(mm/次)	灌水次数	灌水量/mm
不灌水	不灌	0	0	0
处理 1	微喷灌	12	2	24
处理 2	微喷灌	24	2	48
处理 3	微喷灌	36	2	72
传统沟灌	逐沟灌	60	2	120

注：灌水量采用水表测量。

于灌水后 24h 测定不同处理土壤湿润层深度，挖土壤剖面层进行测量。土壤容重采用环刀法测定。分别在第 1 次灌水后 24h(5 月 30 日)和圆顶期(7 月 8 日)在两烟株正中间取 0～<10cm、10～<20cm、20～<30cm、30～<40cm、40～50cm 土层土样用于速效养分测定。

2.6.1　灌水方法和灌水定额对土壤湿润层深度的影响

由于移栽后持续干旱，分别在伸根期和团棵后期进行了灌溉，图 2-14 为第 1 次灌水后 24h 测定的土壤湿润层深度。由图 2-14 可知，微喷灌各处理随灌水定额的增加，土壤湿润层深度增加，逐沟灌的灌水量难以控制，灌溉量较大，土壤湿润层深度达到 42cm。烟草根系一般密集分布于 25cm 以上土层，灌水过多，下渗过深，将不可避免地造成养分淋失到耕层以外。

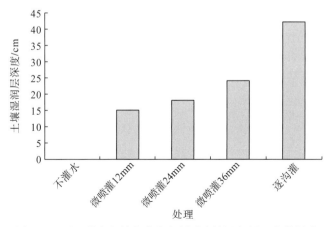

图 2-14　不同灌水方法和灌水定额对土壤湿润层深度的影响

2.6.2　灌水定额对大田不同土层土壤容重的影响

在烟田灌水后 24h，分 5 个土层测定土壤容重，结果如图 2-15 所示。不同处理各土层土壤容重变化范围为 1.6～1.9g/cm³。与不灌水相比，各灌水处理在灌水 24h 后土壤容重均增加，在 0～<30cm 土层中，逐沟灌的土壤容重最高。逐沟灌在 10～<20cm、20～<30cm 土层中的土壤容重显著高于各微喷灌处理。

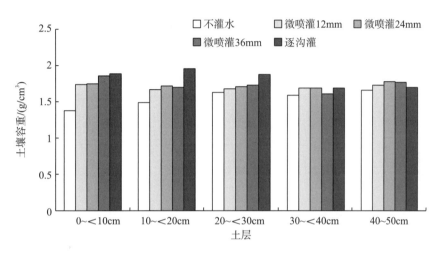

图 2-15　不同灌水定额对大田不同土层土壤容重的影响

2.6.3　灌水定额对氮肥运移的影响

1. 灌水 24h 后的影响

碱解氮含量不仅能反映土壤的供氮强度，而且与作物氮素的吸收量具有一定的相关性，对了解土壤肥力状况、指导合理施肥和灌溉具有重要意义。图 2-16 为灌水后 24h 各灌水处理不同土层土壤碱解氮含量的分布，从不同土层比较，各处理均以 0～<10cm 土层碱解氮含量最高，随着土层深度的增加，碱解氮含量整体呈下降趋势。从图 2-16 可以看出，灌溉后各处理 0～<30cm 土层中碱解氮含量均高于对照；各微喷灌处理随着灌水定额的增加，碱解氮含量呈增加趋势，在 0～<10cm 和 10～<20cm 土层中均以微喷灌 36mm 最高，灌水后耕层土壤碱解氮含量的提高是因为水分促进了土壤中氮素的有效性。逐沟灌在 0～<20cm 土层内碱解氮含量低于微喷灌 36mm 处理，但在 20～<40cm 土层中均高于各微喷灌处理，说明逐沟灌较大的灌水量造成养分向下层移动。

2. 圆顶期的影响

圆顶期是烟株旺盛生长的后期阶段，烟株形态已基本建成。对各处理不同土层碱解氮的测定结果见图 2-17。结果表明，0～<20cm 土层各灌水处理的碱解氮含量与不灌水对照相比均显著下降，微喷灌不同灌水定额处理整体上有随着灌水定额的增加碱解氮含量逐渐

降低的趋势。这与烟叶的长势呈相反的变化，灌水处理烟叶生长发育旺盛，烟株营养体显著大于不灌水对照，在 3 个微喷灌定额中，随着灌水定额的增加，烟叶生长发育趋于旺盛，这是对土壤中氮素吸收利用较多的结果。逐沟灌 0～＜10cm 土层碱解氮含量高于微喷灌 36mm 的处理，但 10～＜20cm 土层的碱解氮含量逐沟灌却低于微喷灌 36mm 的处理。

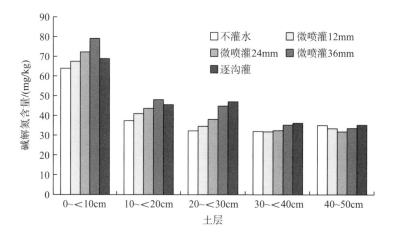

图 2-16 灌水 24h 后不同处理各土层的碱解氮含量

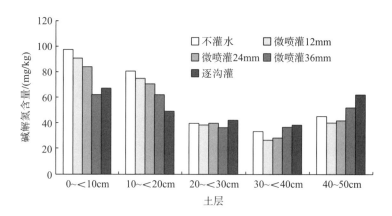

图 2-17 烟株圆顶期不同处理各土层的碱解氮含量

2.6.4 灌水定额对速效钾运移的影响

1.灌水 24h 后的影响

速效钾是衡量土壤对农作物钾供应能力的重要指标。对灌水后 24h 不同土层土壤速效钾的测定结果表明（图 2-18），在 0～＜40cm 土层，随着土层的增加，土壤速效钾含量呈降低趋势，40～50cm 土层速效钾含量又表现为增加趋势。0～＜10cm 土层的速效钾含量以不灌水最高，微喷灌 12mm 和微喷灌 24mm 无显著差异，逐沟灌速效钾含量最低；10～＜20cm 土层不灌水对照、微喷灌 12mm、微喷灌 24mm 及微喷灌 36mm 的土壤速效钾含量无显著差异，逐沟灌的速效钾含量显著低于其他处理；20～＜30mm 土层各处理间差异较小，但 30cm 以下土层的逐沟灌速效钾含量则高于其他处理，这与逐沟灌造成的养分淋洗作用有密切关系。

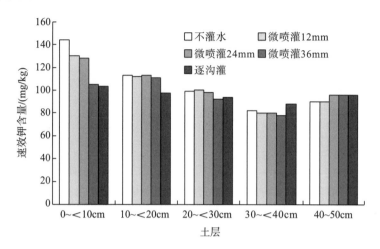

图 2-18　灌水 24h 后不同处理各土层的速效钾含量

2. 圆顶期的影响

圆顶期对各处理不同土层土壤速效钾含量进行测定，结果见图 2-19。与不灌水对照相比，0～<20cm 土层各灌水处理速效钾含量呈下降趋势，尤以逐沟灌速效钾含量最低。20～<40cm 土层各处理间速效钾含量差异较小；40～50cm 土层速效钾含量以逐沟灌最高，其他处理间差异不显著。

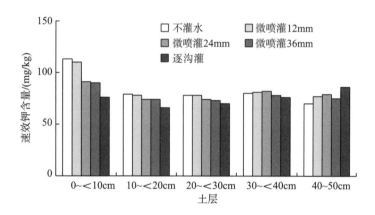

图 2-19　烟株圆顶期不同处理各土层的速效钾含量

第3章 生育优化及质量控制

　　烟叶质量受生态、遗传和栽培措施综合影响，在特定的产区，烟叶质量潜力的发挥与当地生态资源的有效利用密切相关。实现烟叶生长发育规律与温度、光照、降水等气候资源的季节分布相吻合，烟叶个体发育和群体结构协调统一，有利于充分满足优质烟叶生产对环境条件和营养条件的需求，有效促进烟叶质量提升。由于生态条件差异较大，白肋烟生产中存在的问题也不尽相同，如云南大理白肋烟产区降水偏少，干旱问题比较突出；四川达州产区降水量偏大，光照条件相对较差。另外，白肋烟生产中普遍存在早期生长发育慢、单株留叶数偏多、群体结构不合理、产量因素结构不合理等问题。为此，笔者分别在四川达州和云南大理白肋烟产区有针对性地开展了农艺栽培措施对烟叶质量影响方面的研究，以期建立不同产区优质烟叶生长发育模式、合理的个体群体结构和产量因素结构，有效提高白肋烟烟叶质量水平。

3.1　四川达州白肋烟移栽期的气象条件及移栽期对烟叶主要化学成分的影响

　　温度、降水及光照等气象条件对农作物的生长发育、产量、质量提高有着重大的影响。在白肋烟生产中，烟叶的移栽期不同，烟草各个生长发育阶段的光照、温度、降水等生态条件会产生显著差异，在大田期间的生长发育、生物量的积累及调制期面临的气象条件也大不相同，这直接影响烟叶对生态的利用和烟叶质量的形成。深入研究不同移栽期及采收期主要生育阶段的气候环境差异，以及对烟叶品质的影响，有利于揭示气候因素与烟叶质量特色的关系，明确不同产区有利于优质特色烟叶生产的移栽期和采收期，以充分利用生态有利因素，规避不利因素的影响，促进优质白肋烟生产。

　　生态条件是决定烟叶质量优劣的关键因素，特别是白肋烟的调制方法为自然晾制，对环境条件要求更为严格。白肋烟是喜温作物，其在整个生育期都需要活动积温在 2000℃以上，尤其是在成熟期和晾制期，适宜的温度是促进叶片物质积累和转化的重要条件。为了充分认识四川达州白肋烟生产的生态优势和存在问题，发挥生态中的有利因素，消除和规避不利因素的影响，采取科学的农艺措施协调烟叶生长与环境的关系，实现烟叶的优质稳产，在四川达州研究了不同移栽期处理条件下各生育期气象条件对烟叶品质的影响，以进一步明确气象条件与烟叶内在质量的关系，为四川达州白肋烟生产的合理布局与因地制宜地提高烟叶品质提供依据(吴疆等，2014a，2014b)。

　　本书选取四川达州白肋烟产区主栽品种达白2号，于2012年在达州市宣汉县、开江县以及达州市烟草科学研究所进行研究。不同移栽期试验，在四川省达州市烟草科学研究所试验地，按常规移栽期前后10d、前后20d 共设置 5 个处理，分别为 A(2012-04-25 移栽)、B(2012-05-05 移栽)、C(2012-05-15 移栽)、D(2012-05-25 移栽)、E(2012-06-05 移栽)。每个处理重复 3 次，共 15 个小区，每小区 100 株烟。不同采收期试验，在四川省达州市烟草科学研究所试验地，按照采收期的不同设计四个处理，分别为打顶后一周采收、打顶后两周采收、打顶后三周采收和打顶后四周采收。

各试点均利用温度、湿度自动记录仪在生育期和调制阶段，记录每天的温度、湿度变化情况，记录仪平均每 2h 记录 1 次。温度、湿度自动记录仪放置在离地面 1.5m 处。根据测定结果计算烟株在各个时期的均温、活动积温和有效积温。烟草在各生育期的活动积温为从该时期开始到结束这段时间每日大气平均温度的总和。有效积温为从该时期开始到结束这段时间每日大气平均温度减去 10℃ 所得温度的总和。而每日的平均温度和相对湿度为平均每 2h 温度、湿度自动记录仪所测当天数值的平均值。

3.1.1　四川达州白肋烟移栽期的气象条件分析

1. 移栽期白肋烟主要生育阶段温度条件的差异

由表 3-1 可以看出，随着移栽期的推迟，温度类气象因素在伸根期除了均温逐渐升高、气温日较差变化不大外，其他因素都是先降低后升高；在旺长期多表现为随着移栽期的推迟而升高的趋势；在成熟期则表现为先升高后降低的趋势；在调制期各温度类气象因素都表现为随着移栽期的推迟逐渐降低的趋势。

表 3-1　移栽期白肋烟主要生育阶段温度条件的差异　　　　　　　（单位：℃）

生育阶段	移栽期(年-月-日)	有效积温	活动积温	均温	气温日较差	≥20℃的积温
伸根期	2012-04-25	483.68	997.01	19.42	5.80	34.91
	2012-05-05	410.87	834.00	19.70	5.78	34.86
	2012-05-15	366.97	670.86	19.73	5.65	25.91
	2012-05-25	330.86	703.64	20.89	6.03	47.86
	2012-06-05	492.09	882.09	22.62	5.60	105.07
旺长期	2012-04-25	316.36	556.36	23.17	5.99	76.54
	2012-05-05	362.86	636.19	23.27	5.72	89.70
	2012-05-15	431.19	747.85	23.62	5.76	114.61
	2012-05-25	499.48	839.48	24.70	6.04	159.48
	2012-06-05	642.97	1029.64	26.64	7.78	256.30
成熟期	2012-04-25	451.75	741.75	25.58	7.16	161.75
	2012-05-05	508.99	802.32	27.35	7.83	195.40
	2012-05-15	556.59	883.26	27.04	8.11	229.93
	2012-05-25	468.12	751.46	26.52	8.19	184.79
	2012-06-05	309.95	538.95	23.48	6.76	67.90
调制期	2012-04-25	572.63	989.28	23.74	7.12	171.79
	2012-05-05	522.00	952.00	22.13	6.42	121.47
	2012-05-15	454.69	901.35	20.18	5.98	66.41
	2012-05-25	390.02	860.02	18.30	5.08	32.63
	2012-06-05	310.65	823.98	16.05	4.86	0.00

2. 移栽期各生育阶段光照和湿度条件的变化

由表 3-2 可知，在伸根期日照时数随着移栽期的推迟先降低后升高，在 2012-05-15 移栽的处理中出现最低值，日均日照时数则表现出先升高再降低的趋势；在旺长期日照时数表现出逐渐升高的趋势；在成熟期日均日照时数和日照时数都表现为先升高后降低的趋势，但日均日照时数在 2012-05-05 移栽的处理中出现最大值，而日照时数则在 2012-05-15 移栽的处理中出现最大值；在调制期日均日照时数和日照时数则表现为随着移栽期的推迟逐渐降低的趋势。日照时数对烟叶质量的形成也有非常大的影响，在大田期间日照时数越少，光合产物越少，叶越薄，内含物越少，品质越差；日照时数越多，越有利于叶内有机物的积累。特别是成熟期，它是烟叶物质积累的关键时期，增加成熟期的日照时数有利于烟叶内在品质的提高。

表 3-2　移栽期主要生育阶段光照和湿度条件的变化

生育阶段	移栽期(年-月-日)	日均日照时数/h	日照时数/h	土壤湿度/%	大气相对湿度/%
伸根期	2012-04-25	6.90	356.00	14.28	79.99
	2012-05-05	7.53	318.67	11.82	81.62
	2012-05-15	7.57	257.33	10.34	81.65
	2012-05-25	8.18	275.33	15.78	82.41
	2012-06-05	7.71	300.67	17.66	83.72
旺长期	2012-04-25	8.19	196.67	24.22	82.63
	2012-05-05	7.85	214.67	22.73	82.18
	2012-05-15	8.40	266.60	22.31	82.29
	2012-05-25	8.73	296.67	23.58	80.75
	2012-06-05	10.50	406.00	68.13	73.03
成熟期	2012-04-25	9.84	284.67	35.58	77.38
	2012-05-05	11.05	324.00	49.80	73.98
	2012-05-15	10.43	340.67	76.04	72.14
	2012-05-25	10.33	292.67	91.84	70.66
	2012-06-05	8.00	184.00	42.75	75.41
调制期	2012-04-25	8.72	363.33	64.55	72.25
	2012-05-05	7.73	332.67	54.16	75.13
	2012-05-15	6.67	298.00	31.51	77.84
	2012-05-25	5.60	285.33	18.80	80.68
	2012-06-05	5.56	263.33	18.55	78.06

3.1.2　四川达州白肋烟移栽期调制后烟叶主要化学成分分析

图 3-1～图 3-3 为不同移栽期的中部叶、上部叶、顶部叶主要化学成分指标的差异。从图中可以看出：各部位叶片在不同移栽处理下主要化学成分的变化规律差异不大。总氮含量在中部叶中表现为，随着移栽期的推迟先升高后下降再上升的趋势，移栽时间 5 月 15 日中含量最低(为 2.79%)；总氮含量在上部、顶部叶中表现为，随着移栽期的推迟先增大后减小的趋势，5 月 5 日移栽的处理中含量最高，分别为 5.19% 和 6.07%，6 月 5 日

移栽含量最小，分别为 3.87%和 4.22%。烟碱含量则基本呈现出随着移栽期的推迟，含量先升高后降低的趋势，在 5 月 15 日移栽的处理中含量最高，6 月 5 日移栽的处理中含量最低。钾含量随着移栽期的推迟，大致呈先减少后增加的趋势，在 5 月 15 日移栽的处理中含量最低。

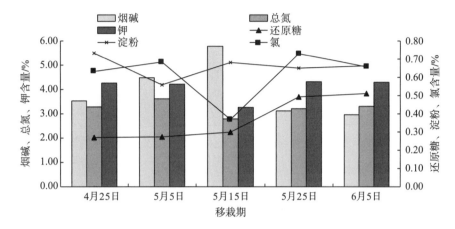

图 3-1　不同移栽期的中部叶主要化学成分指标的差异

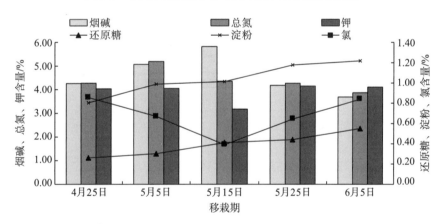

图 3-2　不同移栽期的上部叶主要化学成分指标的差异

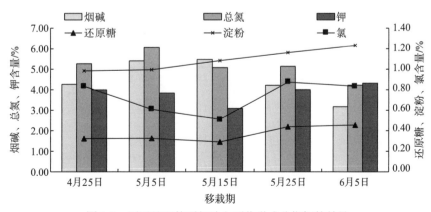

图 3-3　不同处理的顶部叶主要化学成分指标的差异

3.2　采收期对云南大理白肋烟烟叶质量的影响

　　白肋烟的调制是在自然环境下进行的,调制过程中温度、湿度等环境因素对调制的快慢和物质转化的程度有着直接的影响,其是优质烟叶形成的关键因素。因此,白肋烟生长不仅要求气候、土壤条件适宜,而且要求在调制期温度、湿度适宜,以保证有较长的调制时间,促进烟叶大分子香气前体物质充分降解和转化,提高烟叶的香气质量和风格程度。本节研究在云南大理不同采收期主要生育阶段气象条件对烟叶内在品质的影响,以期与农艺措施相结合,更好地为白肋烟生产的合理布局与因地制宜地提高烟叶品质提供依据(周海燕,2013)。

　　试验于 2011～2012 年在云南大理宾川县力角镇中营村进行,供试土壤为砂壤土,供试烟草品种为 TN86。试验地的施氮量为 225kg/hm²,移栽的行株距为 1.1m×0.55m。基肥在起垄前全部条施,追肥于移栽后 25d、55d 在烟株根部两侧穴施后中耕。统一留叶数为每株 25 片。试验处理:①打顶后 2 周采收;②打顶后 3 周采收;③打顶后 4 周采收;④打顶后 5 周采收;⑤打顶后 6 周采收。半整株采收置于标准化晾房内晾制。

3.2.1　采收期对白肋烟农艺性状的影响

　　随着采收期的推移,株高增加,烟株的株形由塔形向筒形转变(表 3-3)。不同采收期烟叶的叶面积、叶面积指数呈显著差异(表 3-4)。随采收期的推移,单叶平均面积和单株平均叶面积增大,叶面积指数也随采收期的推移而增大,但是打顶后 4 周、5 周和 6 周的叶面积指数均增长缓慢。

表 3-3　不同采收期白肋烟田间农艺性状　　　　　　　　　　(单位: cm)

农艺性状		打顶后 2 周	打顶后 3 周	打顶后 4 周	打顶后 5 周	打顶后 6 周
株高		151.40	153.20	153.25	153.40	153.42
茎围		12.10	12.26	12.28	12.21	12.20
叶长×叶宽	上部叶	54.0×28.5	61.0×30.0	64.0×33.2	65.0×33.0	65.0×33.0
	中部叶	66.0×32.5	67.0×40.0	65.0×34.6	70.3×36.0	70.6×38.2
	下部叶	65.0×40.0	67.0×42.0	70.0×40.2	71.0×42.0	70.0×41.5
株形		塔形	塔形	近似筒形	筒形	筒形

表 3-4　不同采收期白肋烟叶面积动态变化

采收期	单叶平均面积/m²	单株平均叶面积/m²	叶面积指数
打顶后 2 周	0.135 ±0.015 Dd	3.375 ±0.043 Dd	5.569 ±0.035 Dd
打顶后 3 周	0.158 ±0.024 Cc	3.950 ±0.021 Cc	6.517 ±0.029 Cc
打顶后 4 周	0.167 ±0.016 Bb	4.175 ±0.027 Bb	6.889 ±0.038 Bb
打顶后 5 周	0.172 ±0.005 Aa	4.300 ±0.009 Aa	7.095 ±0.010 Aa
打顶后 6 周	0.174±0.005 Aa	4.350 ±0.012 Aa	7.177 ±0.014 Aa

注: 小写字母表示在 0.05 水平上的显著差异性,大写字母表示在 0.01 水平上的显著差异性,下同。

3.2.2　采收期对白肋烟干物质积累和调制的影响

1. 采收期对白肋烟上部叶平均单叶干物重的影响

随着采收期的推移，上部叶平均单叶干物重随着收获时期的推移呈先升高后降低的趋势。在打顶后 2 周~打顶后 3 周上部叶平均单叶干物重增长缓慢，在打顶后 3 周~打顶后 4 周上部叶平均单叶干物重增长较快，上部叶平均单叶干物重在打顶后 5 周达到最高(图 3-4)。

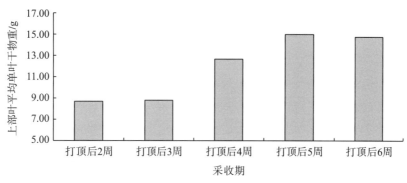

图 3-4　不同采收期上部叶平均单叶干物重

2. 采收期对白肋烟调制时间的影响

烟叶调制时间随采收期的推移呈先增加后减少的趋势(表 3-5)。打顶后 2 周、3 周、4 周和 5 周采收的烟叶，其调制时间呈增加趋势，打顶后 6 周采收烟叶的调制时间呈减少趋势，在打顶后 5 周烟叶的调制时间是最长的，而打顶后 6 周烟叶过熟，其调制时间急剧减少。

表 3-5　不同采收期烟叶调制时间　　　　　　　　　　　　　　　(单位：d)

调制过程	打顶后 2 周	打顶后 3 周	打顶后 4 周	打顶后 5 周	打顶后 6 周
凋萎期	6	6	7	7	7
变黄期	9	11	12	13	11
褐变期	14	14	14	12	10
干筋期	13	16	16	19	18
合计调制时间	42	47	49	51	46

3.2.3　采收期对白肋烟上部叶外观质量的影响

对于不同采收期收获的白肋烟，调制后上部叶的烟叶外观质量差异较明显(表 3-6)，打顶后 2 周和打顶后 3 周采收的烟叶成熟度不够，光泽偏暗，颜色为棕黑色，外观质量较差；打顶后 4 周采收的烟叶成熟度不够，光泽尚鲜明，颜色为红棕，外观质量较好；打顶后 5 周采收的烟叶成熟，光泽鲜明，烟叶颜色为红棕，外观质量最佳；打顶后 6 周采收的烟叶过熟，光泽尚鲜明，烟叶颜色为红棕，外观质量欠佳。

表 3-6　不同采收期的上部叶外观质量

比较项目	打顶后 2 周	打顶后 3 周	打顶后 4 周	打顶后 5 周	打顶后 6 周
成熟度	未熟	尚熟	尚熟	成熟	过熟
身份	稍厚	稍厚	稍厚	稍厚	稍厚
叶片结构	稍密	稍密	稍密	稍密	稍密
叶面	皱缩	皱缩	皱缩	皱缩	皱缩
颜色	棕黑	棕黑	红棕	红棕	红棕
光泽	暗	暗	尚鲜明	鲜明	尚鲜明
油分	稍多	稍多	多	多	多

3.2.4　采收期对白肋烟质体色素含量的影响

质体色素存在于烟叶植物细胞器的质体中，包括叶绿素(叶绿素 a、叶绿素 b)和类胡萝卜素类。叶绿素是烟叶成熟和调制过程中变化最显著的标志性物质。在烟叶调制过程中，类胡萝卜素类和叶绿素都降解，其中叶绿素降解显著，类胡萝卜素类降解缓慢，在调制中期叶绿素大量减少后，类胡萝卜素类呈现黄色。烟叶的香味与类胡萝卜素类含量成反比，如果类胡萝卜素类在调制期间不能充分降解，烟叶的香味就不能得到充分转化。

由图 3-5 和图 3-6 可知，采收时上部叶和中部叶的叶绿素 a、叶绿素 b 和类胡萝卜素类的含量随着采收期的推移依次递减，打顶后 2 周的叶绿素 a、叶绿素 b 和类胡萝卜素类含量最高。

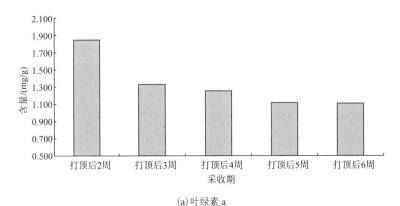

(a) 叶绿素 a

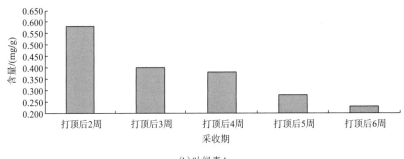

(b) 叶绿素 b

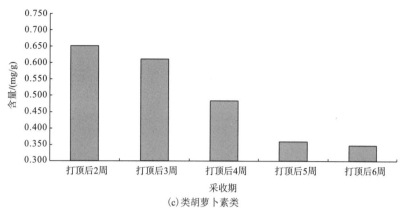

(c) 类胡萝卜素类

图 3-5 不同采收期上部叶的质体色素含量差异

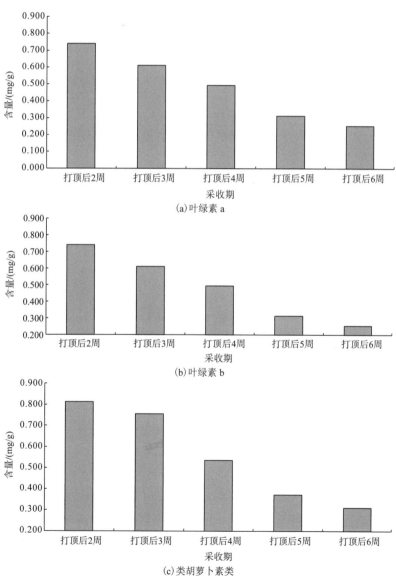

(a) 叶绿素 a

(b) 叶绿素 b

(c) 类胡萝卜素类

图 3-6 不同采收期中部叶的质体色素含量差异

3.2.5 采收期对白肋烟中性香气物质含量的影响

从上部叶来看，类胡萝卜素类降解产物的含量随采收期的推移波动性下降；类西柏烷类降解产物和芳香族氨基酸类降解产物的变化趋势呈"V"形；中性香气物质的总量在打顶后 2～5 周随采收期的推移而增加，但在打顶后 6 周下降明显。采收期对烟叶不同种类香气物质的产生具有显著影响(表 3-7)。

表 3-7　不同采收期烟叶上部叶的中性香气物质含量　　　　　　　　(单位：μg/g)

产物分类	打顶后 2 周	打顶后 3 周	打顶后 4 周	打顶后 5 周	打顶后 6 周
叶绿素降解产物	905.56	959.89	1106.00	1356.00	1126.00
类胡萝卜素类降解产物	108.73	106.39	104.67	108.92	97.94
类西柏烷类降解产物	121.15	103.79	85.03	102.92	159.06
棕色化反应产物	37.35	31.25	32.99	32.27	29.95
芳香族氨基酸类降解产物	64.23	56.44	57.00	77.13	84.29
合计	1237.02	1257.76	1385.69	1677.24	1497.24

从中部叶来看，类西柏烷类降解产物随采收期的推移呈现出先下降后上升再下降的趋势；芳香族氨基酸类降解产物的变化趋势呈倒"V"形，打顶后 4 周的含量达到最大；中性香气物质的总量在打顶后 2～5 周随采收期的推移而增加，但在打顶后 6 周，其含量稍微下降。采收期对烟叶的不同种类香气物质的产生具有显著影响(表 3-8)。

表 3-8　采收期烟叶中部叶的中性香气物质含量　　　　　　　　(单位：μg/g)

产物分类	打顶后 2 周	打顶后 3 周	打顶后 4 周	打顶后 5 周	打顶后 6 周
叶绿素降解产物	936.29	985.44	1004.00	1155.00	1130.00
类胡萝卜素类降解产物	98.21	110.69	110.83	111.38	90.83
类西柏烷类降解产物	106.27	101.31	154.04	154.97	79.87
棕色化反应产物	20.12	25.16	23.72	21.63	22.32
芳香族氨基酸类降解产物	41.80	44.56	65.95	59.25	35.49
合计	1202.69	1267.16	1358.54	1502.23	1358.51

3.3　采收期和采收方式对白肋烟部位间生物碱和总氮含量的影响

不同品种的生物碱含量部位间存在一定差异，多叶型品种生物碱含量的部位间差异大于少叶型品种，留叶数多也会导致叶位间生物碱含量的差异增大。烟碱是在根部合成，在叶片中逐渐积累，烟叶的采收方式和采收期对烟碱的合成、积累和部位间的分配有较大影响。我国大部分白肋烟产区采用摘叶采收和半整株采收方式，而美国优质白肋烟主要采用全整株采收，为了明确白肋烟采收方式和采收期与烟碱含量部位间分布的关系，本试验以达白 1 号为材料，比较了不同采收方式和采收期晾制后白肋烟不同部位间生物碱及总氮含量的差异，旨在为优质白肋烟确定科学的采收方式提供依据。

　　试验于 2008 年在四川万源优质白肋烟示范田进行，供试品种为达白 1 号。按采收方式设置 4 个处理，分别为摘叶采收(分 7 次采收，每次 3 片)、小半整株采收(下部 12 片叶分 4 次摘叶采收，然后砍收)、大半整株采收(下部 6 片叶分两次摘叶采收，其余砍收)、整株采收(在打顶后 4 周 1 次砍收)。按采收期设置 5 个处理，分别为打顶后 2 周、打顶后3 周、打顶后 4 周(推荐时期)、打顶后 5 周、打顶后 6 周。留叶数均为 21 片。采用木板晾房晾制，调制结束后分 7 个部位(每部位 3 片叶)取样，进行化学成分的测定。

3.3.1　采收期对晾制后白肋烟部位间生物碱和总氮含量的影响

　　采收期直接影响生物碱在叶片中的积累。表 3-9 结果表明，随着采收期的推迟，上部叶总碱含量明显增加，部位间含量差异加大。

表 3-9　不同时期整株采收对晾制后白肋烟部位间生物碱和总氮含量的影响

采收期	部位	烟碱/%	降烟碱/%	假木贼碱/%	新烟草碱/%	总碱/%	总氮/%	氮碱比
	19~21 叶	5.68	0.22	0.04	0.29	6.23	4.23	0.74
	16~18 叶	5.78	0.22	0.04	0.27	6.31	4.20	0.73
	13~15 叶	5.01	0.21	0.03	0.24	5.49	4.02	0.80
打顶后 2 周	10~12 叶	4.25	0.16	0.03	0.22	4.66	3.95	0.93
	7~9 叶	3.64	0.13	0.02	0.20	3.99	3.71	1.02
	4~6 叶	2.89	0.10	0.02	0.18	3.19	3.62	1.25
	1~3 叶	1.87	0.08	0.01	0.16	2.12	3.26	1.74
	19~21 叶	6.24	0.26	0.04	0.35	6.89	4.13	0.66
	16~18 叶	6.02	0.23	0.04	0.33	6.62	4.09	0.68
	13~15 叶	5.34	0.22	0.03	0.30	5.89	3.98	0.75
打顶后 3 周	10~12 叶	4.52	0.18	0.02	0.24	4.96	3.85	0.85
	7~9 叶	3.66	0.16	0.02	0.22	4.06	3.80	1.04
	4~6 叶	2.85	0.12	0.01	0.20	3.18	3.64	1.28
	1~3 叶	2.02	0.10	0.01	0.20	2.33	3.12	1.54
	19~21 叶	6.86	0.26	0.04	0.38	7.54	4.10	0.60
	16~18 叶	6.28	0.23	0.05	0.35	6.91	4.02	0.64
	13~15 叶	5.26	0.18	0.03	0.33	5.80	3.84	0.73
打顶后 4 周	10~12 叶	4.69	0.16	0.02	0.32	5.19	3.82	0.81
	7~9 叶	4.12	0.15	0.02	0.30	4.59	3.79	0.92
	4~6 叶	3.25	0.13	0.02	0.29	3.69	3.55	1.09
	1~3 叶	2.56	0.12	0.02	0.25	2.95	3.08	1.20
	19~21 叶	7.11	0.32	0.05	0.42	7.90	3.98	0.56
打顶后 5 周	16~18 叶	6.47	0.28	0.05	0.37	7.17	3.72	0.57
	13~15 叶	5.76	0.24	0.03	0.35	6.38	3.64	0.63

采收期	部位	烟碱/%	降烟碱/%	假木贼碱/%	新烟草碱/%	总碱/%	总氮/%	氮碱比
打顶后5周	10~12叶	4.89	0.21	0.02	0.34	5.46	3.56	0.73
	7~9叶	4.45	0.17	0.02	0.31	4.95	3.38	0.76
	4~6叶	3.45	0.16	0.02	0.29	3.92	3.13	0.91
	1~3叶	2.62	0.12	0.02	0.26	3.02	2.91	1.11
打顶后6周	19~21叶	7.48	0.34	0.06	0.46	8.34	3.83	0.51
	16~18叶	6.68	0.27	0.05	0.40	7.40	3.71	0.56
	13~15叶	5.96	0.26	0.03	0.37	6.62	3.54	0.59
	10~12叶	5.34	0.22	0.02	0.35	5.93	3.39	0.63
	7~9叶	4.72	0.17	0.02	0.31	5.22	3.26	0.69
	4~6叶	3.85	0.15	0.02	0.30	4.32	3.10	0.81
	1~3叶	2.49	0.13	0.02	0.28	2.92	2.88	1.16

3.3.2 采收方式对晾制后白肋烟部位间生物碱和总氮含量的影响

表 3-10 为不同采收方式下晾制后白肋烟不同部位烟叶的生物碱和总氮含量。结果表明，不同部位总碱含量均表现为自下而上逐渐增加，总氮含量也表现为相同的趋势，但变化幅度相对较小。

表 3-10　采收方式对晾制后白肋烟部位间生物碱和总氮含量的影响

采收方式	部位	烟碱/%	降烟碱/%	假木贼碱/%	新烟草碱/%	总碱/%	总氮/%	氮碱比
摘叶采收	19~21叶	9.48	0.34	0.05	0.47	10.34	4.64	0.49
	16~18叶	7.68	0.29	0.04	0.44	8.45	4.28	0.56
	13~15叶	5.98	0.23	0.03	0.41	6.65	4.15	0.69
	10~12叶	4.76	0.20	0.03	0.32	5.31	4.01	0.84
	7~9叶	3.89	0.15	0.02	0.28	4.34	3.67	0.94
	4~6叶	2.95	0.12	0.02	0.24	3.33	3.20	1.08
	1~3叶	1.85	0.10	0.01	0.18	2.14	3.07	1.66
小半整株	19~21叶	8.34	0.28	0.04	0.42	9.08	4.55	0.55
	16~18叶	7.44	0.21	0.04	0.37	8.06	4.25	0.57
	13~15叶	5.62	0.18	0.03	0.35	6.18	4.01	0.71
	10~12叶	4.66	0.17	0.02	0.25	5.10	4.10	0.88
	7~9叶	3.68	0.15	0.02	0.23	4.08	3.94	1.07
	4~6叶	3.01	0.11	0.01	0.19	3.32	3.87	1.29
	1~3叶	1.94	0.10	0.01	0.17	2.22	3.18	1.64
大半整株	19~21叶	7.16	0.32	0.04	0.40	7.92	4.23	0.59
	16~18叶	6.51	0.20	0.03	0.34	7.08	4.23	0.65
	13~15叶	5.89	0.19	0.03	0.27	6.38	4.11	0.70

采收方式	部位	烟碱/%	降烟碱/%	假木贼碱/%	新烟草碱/%	总碱/%	总氮/%	氮碱比
大半整株	10~12 叶	4.49	0.18	0.02	0.26	4.95	4.02	0.90
	7~9 叶	3.89	0.17	0.02	0.23	4.31	3.88	1.00
	4~6 叶	2.73	0.11	0.02	0.22	3.08	3.56	1.30
	1~3 叶	2.04	0.11	0.01	0.18	2.34	3.11	1.52
整株	19~21 叶	6.86	0.26	0.04	0.38	7.54	4.10	0.60
	16~18 叶	6.28	0.23	0.05	0.35	6.91	4.02	0.64
	13~15 叶	5.26	0.18	0.03	0.33	5.80	3.84	0.73
	10~12 叶	4.69	0.16	0.02	0.32	5.19	3.82	0.81
	7~9 叶	4.12	0.15	0.02	0.30	4.59	3.79	0.92
	4~6 叶	3.25	0.13	0.02	0.29	3.69	3.55	1.09
	1~3 叶	2.56	0.12	0.02	0.25	2.95	3.08	1.20

采收方式对部位间生物碱含量的变化幅度有显著影响，在传统的摘叶采收方式下，烟株自下而上烟叶烟碱含量为 1.85%~9.48%。整株和半整株采收的部位间总碱含量差异减小，整株采收的烟叶自下而上烟碱含量为 2.56%~6.86%，总碱含量为 2.95%~7.54%。总氮含量也表现出随着整株采收程度的提高，部位间差值减小的趋势，主要为摘叶采收的上部叶总氮含量显著升高。不同处理相同叶位烟叶氮碱比差异减小。因此，采用整株采收或减少摘叶次数有利于缩小部位间总碱含量的差异，改善部位间烟叶化学成分含量的协调性。

3.4　海拔对烟草生长发育和干物质积累的影响

生态因素对烟叶生长发育、质量潜力和风格特色的形成至关重要。太阳辐射、有效积温、昼夜温差、湿度、降水量等因素直接影响烟叶生长发育和质量。一般认为，随着海拔的增加，烟叶烟碱含量呈下降趋势，而还原糖含量呈增加趋势。海拔对烟叶的香气物质含量也有一定的影响。不同海拔条件下烟叶的质量差异是以生长发育为基础的，但由于试验选点、条件控制及取样难度较大，海拔对烟叶生长发育动态变化规律的影响尚缺乏系统的研究。

我国白肋烟产区比较集中，主要分布在湖北恩施、四川达州、重庆万州、云南大理，这些地区绝大部分为丘陵山地，海拔变化幅度大，种植比较分散。不同海拔下光、温、水条件的差异导致烟叶生育进程和调制环境有很大差异。由于目前缺乏对不同海拔下白肋烟生长发育规律的系统研究，生产上不同海拔区域白肋烟的品种选择和栽培技术存在较大的盲目性，不利于优质白肋烟生产，如高海拔地区烟叶存在成熟偏迟、留叶数偏多、后期叶片发育不良、调制过程中物质不能充分转化等问题。笔者在同一地域内，选择相同地力水平、不同海拔烟田，对烟叶的生长发育动态和干物质积累规律进行系统研究，旨在为确定与不同海拔相适应的品种和栽培技术，促进白肋烟优质潜力的发挥提供理论基础（史宏志等，2008）。

试验在四川达州进行，以四川白肋烟推荐品种达白 1 号为试验材料。选择海拔 700m、1000m、1300m 三块烟田，地力水平中等偏上，统一按照推荐施肥量和施肥方法进行施肥，每亩施氮量 13kg，包括发酵腐熟猪粪 300kg，草木灰 150kg，烟草专用复合肥 75kg，硝酸铵 20kg。5 月 10～15 日移栽，密度为 1200 株/亩。在烟叶达到成熟标准时整株采收调制。

综合分析了四川达州 25 年来的气象资料，得到不同海拔白肋烟生长季节温度和降水的月分布数据，如表 3-11 所示，该区随着海拔的增加，温度逐渐降低，降水量逐渐增加。

表 3-11　不同海拔白肋烟生长季节的气象条件

项目	海拔/m	5 月	6 月	7 月	8 月	9 月	10 月
月平均温度 /℃	700	18.85	22.65	25.05	24.85	19.85	14.85
	1000	16.89	20.69	23.09	22.89	17.89	12.89
	1300	15.49	19.29	21.69	21.49	16.49	11.49
月平均降水量 /mm	700	133.4	137.1	247.6	187.1	210.5	104.4
	1000	308.4	312.1	422.6	362.1	385.5	279.4
	1300	433.4	437.1	547.6	487.1	510.5	404.4

3.4.1　海拔对白肋烟株高的影响

在烟株生长发育过程中，不同海拔株高均符合先缓慢增长后加速增长再缓慢增长的 Logistic 增长曲线，但不同海拔株高的动态变化有显著差异，在海拔相对较低时（海拔 700m），株高进入快速增长期较早，增长速度较快，特别是在移栽后 40～60d，株高增长量大而集中，移栽后 68d 株高达到 118cm，并进入打顶期。随着海拔的增加，株高进入快速增长期的时间延缓，增长速度也相对变小。海拔 1000m 的烟株进入打顶期的时间为移栽后 78d，海拔 1300m 的烟株进入打顶期的时间为移栽后 89d，比海拔 700m 的烟株晚 21d。因此，随着海拔增加，烟叶生育期推迟十分明显（图 3-7）。

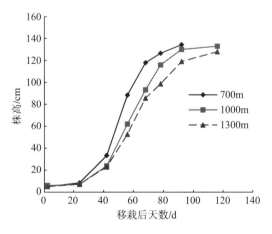

图 3-7　不同海拔白肋烟株高增长动态

3.4.2   海拔对白肋烟单株有效叶数的影响

海拔 700m 烟株的出叶速度增加较快，在移栽后 20～50d 单株有效叶数增加迅速，移栽后 48d 单株有效叶数达到 22 片。随着海拔的增加，单株有效叶数增加趋于缓慢。在高海拔条件下，单株有效叶数与低海拔差异不大，但叶片出生晚，生长慢，不利于充分发育和正常成熟(图 3-8)。

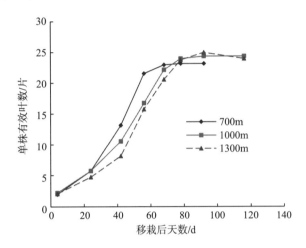

图 3-8   不同海拔白肋烟单株有效叶数增长动态

3.4.3   海拔对白肋烟叶面积的影响

烟叶叶片的正常扩展和叶面积的充分增加是获得优质高产的基础。海拔较低时，较高的温度条件有利于促进叶片的扩展和生长，移栽后 24d，叶面积开始快速增加，增长高峰期十分明显，移栽后 68d 叶面积接近最大。海拔 1000m 的烟叶在移栽后 78d 叶面积增速减慢，但直到移栽后 116d 仍表现为增加。海拔 1300m 的烟株叶面积增加高峰期推迟，增加速度相对较慢，移栽后 92d 叶面积仍有较大幅度增加(图 3-9)。

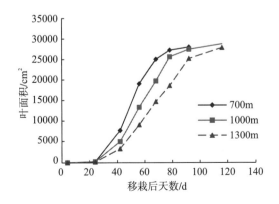

图 3-9   不同海拔叶面积增长动态

3.4.4 海拔对白肋烟茎围的影响

白肋烟茎围的增长也符合前期慢、中期快、后期又变慢的变化趋势，海拔700m烟株茎围增长明显快于高海拔生长的烟株，且最终茎围较大(图3-10)。

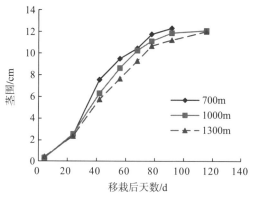

图3-10 不同海拔白肋烟茎围增长动态

3.4.5 海拔对白肋烟叶片干物质积累的影响

叶片干物质积累量直接影响烟叶的产量。叶片的干物质是由叶面积和比叶重构成的，因此，早期适时充分开片，中期物质充分积累，后期物质适时转化对优质烟叶的形成比较有利。从图3-11可以看出，海拔700m的烟叶干物质积累速度快，移栽后42d干物质积累开始快速增长，移栽后56～78d叶片干物质积累量占干物质总量的49%。随着海拔的升高，叶片干物质积累速度变慢，移栽后56d海拔1000m和海拔1300m的烟叶干物质积累量分别比海拔700m的烟叶减少了36.6g和65.3g。高海拔烟叶生长后期的干物质积累比例相对较高，海拔1300m的烟叶移栽后92d仍有近19.3%的干物质积累，说明高海拔条件下生长的烟叶干物质积累严重滞后，这对后期烟叶的正常成熟极为不利。

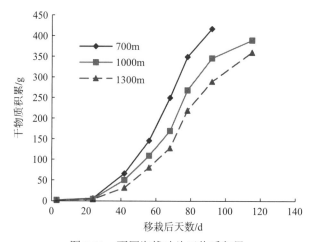

图3-11 不同海拔叶片干物质积累

3.4.6　海拔对白肋烟茎秆干物质积累的影响

海拔 700m 的烟叶在移栽后 56d 之前茎秆干物质积累量仅占总干物质积累量的 18%，高峰期出现在移栽后 68～78d，移栽后 78～92d 仍然有 27%的积累。中后期茎秆干物质积累的持续增加与茎的增粗生长和内含物的充实都有直接关系，也与打顶后对茎秆生长的促进和光合物质向茎秆分配、积累有关。随着海拔的增加，茎秆干物质积累进程推后，速度变慢(图 3-12)。

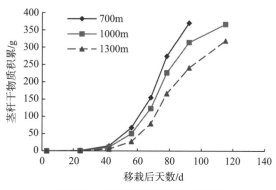

图 3-12　不同海拔茎秆干物质积累

3.4.7　海拔对白肋烟地上部干物质积累的影响

地上部干物质积累符合"慢—快—慢"的变化规律，海拔对干物质的积累速率有显著影响。由图 3-13 可知，在海拔 700m 条件下，地上部干物质进入快速积累早而集中，以移栽后 56～78d 积累最快，平均每天地上部干物质增加 18.5g，随着海拔的增加，地上部干物质积累速度变慢，积累高峰期推迟，最终干物质积累总量也降低，这与茎叶的生长动态是一致的。随着生育进程的推进，不同海拔地上部干物质积累差异有逐渐加大的趋势，移栽后 68d，海拔 700m 的地上部干物质总量比海拔 1000m 和海拔 1300m 的烟株分别高 111.2g 和 197.3g，移栽后 92d 分别高 127.1g 和 257.3g。

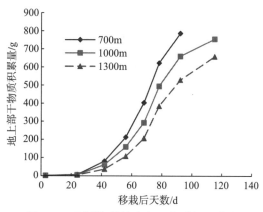

图 3-13　不同海拔地上部干物质积累总量

3.4.8　海拔对白肋烟不同部位叶片干物质积累的影响

将叶片按部位分为 4 个叶组，分别在不同时期测定干物质量，得到不同叶组干物质积累动态变化图，图 3-14 和图 3-15 分别为海拔 700m 和海拔 1300m 不同叶组干物质积累变化曲线。

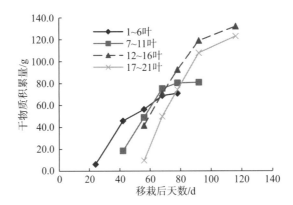

图 3-14　海拔 700m 不同叶组干物质积累变化曲线

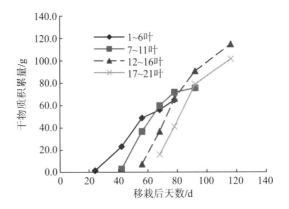

图 3-15　海拔 1300m 不同叶组干物质积累变化曲线

比较不同叶组的动态变化可知，移栽后 56d，海拔 700m 烟株 12～16 叶干重为 41.5g，而海拔 1300m 烟株 12～16 叶片移栽后 56d 时刚刚长出，干重仅为 7.2g，17～21 叶组出现在移栽后 68d，显著滞后于海拔 700m 的烟叶。总体而言，高海拔烟株的中上部叶片干物质形成和积累偏晚，积累速度较慢，不利于优质白肋烟的形成。

3.5　留叶数对上部叶叶面积和叶片生物碱含量的影响

烟叶的香气品质(如香气量、香气质、香型等)是多种香气物质相互作用而形成的，了解不同留叶数下各种香气物质的变化规律，对进一步认识香气物质组成和含量比例与烟叶香气品质的关系有重要意义。白肋烟的生长发育和品质形成受遗传因素、生态条件、栽培措施和调制环境的综合影响，其中，单株留叶数对叶片的生长发育、叶面积、单叶重、腺毛密度、化学成分和感官评吸都有直接影响，对上部叶片影响更甚。控制打顶时期和打顶高度，确定合理的留叶数，是促进烟叶优质稳产的重要手段。有关留叶数方面的研究，以往多集中在农艺性状测定和常规化学分析，缺乏对白肋烟不同留叶数条件下叶片香气物质、生物碱含量变化规律的深层研究，叶片大小与各个重要香气物质含量的关系也不明确。本试验通过控制留叶数改变上部叶的营养状况、叶面积和腺毛密度，研究了留叶数与生物碱和中性香气物质含量的关系。

　　试验于 2007 年在四川省达州烟草科学研究所进行，品种为达白 1 号，试验地面积 300m^2，于 5 月 15 日进行移栽，密度为 21000 株/hm^2。试验设每株留叶 18 片、20 片、22 片、24 片 4 个处理，随机区组排列，重复 3 次，每小区 30 株。烟株在打顶后每小区挂牌定株 8 株，先取样进行生物碱含量和烟碱转化率测定，确保所选烟株为正常的非转化株。按照统一成熟标准整株采收。烟株挂牌后挂在晾房自然晾制，调制结束后自顶叶向下按叶位取样，每株分顶 1,2 叶和顶 4,5 叶。对每片叶分别测定叶长、叶宽，按叶长、叶宽的乘积乘以 0.6345 计算叶面积。烟叶去梗后，在 60℃下烘干，样品经粉碎后待测。

3.5.1　留叶数对上部叶叶面积的影响

　　烟株打顶去除了顶端优势，改变了营养物质的分配方向，对叶片生长有显著的促进作用。由图 3-16 可知，顶 1,2 叶的叶面积小于顶 4,5 叶。对同一部位叶片而言，随着留叶数的增多，叶面积逐渐下降，留叶数为 18 片的烟株的顶 1,2 叶叶面积比留叶数为 24 片的烟株的顶 1,2 叶叶面积大 36.5%。可见留叶数不同造成叶片营养状况出现差异，进而影响叶片扩展。

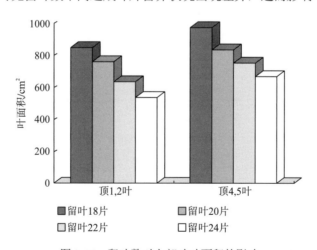

图 3-16　留叶数对上部叶叶面积的影响

3.5.2　留叶数对叶片生物碱含量的影响

　　留叶数对生物碱在叶片中的积累有显著影响，表 3-12 的结果表明，在同一处理内，顶 1,2 叶的烟碱含量均高于顶 4,5 叶，由不同留叶数处理间的比较可知，随着留叶数的增加，烟碱含量逐渐下降。仲胺类的降烟碱、新烟草碱、假木贼碱含量以及总碱含量表现相似的变化趋势。由于所测烟株均经过鉴定为非烟碱转化株，烟碱占总碱的比例达到 93%以上，新烟草碱含量大于降烟碱，居第二位，假木贼碱含量最低。

表 3-12　留叶数对上部叶片生物碱含量的影响

部位	留叶数/片	烟碱/(g/kg)	降烟碱/(g/kg)	假木贼碱/(g/kg)	新烟草碱/(g/kg)	总碱/(g/kg)
顶 1,2 叶	18	63.0	1.2	0.3	2.2	66.7
	20	62.2	1.3	0.3	2.0	65.8
	22	52.1	1.1	0.2	1.6	55.0
	24	48.0	0.9	0.2	1.3	50.4
顶 4,5 叶	18	54.0	1.0	0.9	1.7	57.6
	20	49.2	1.1	0.2	1.5	52.0
	22	45.7	0.7	0.2	1.3	47.9
	24	41.1	0.7	0.2	1.0	43.0

3.6　留叶数对云南大理白肋烟叶片物理特性及化学成分的影响

控制留叶数是烟叶生长发育的重要调节手段，影响着烟叶生长发育、物理特性、内在品质、感官品质以及产量和质量。我国白肋烟生产中普遍存在留叶数偏多的问题，留叶数偏多导致烟叶内含物不充实，烟叶质量水平降低。本书针对云南大理白肋烟生产问题，设置田间试验，系统研究了留叶数对叶片物理特性、化学成分的影响，旨在为云南大理优质白肋烟生产提供理论依据(孙红恋，2014；孙红恋等，2013)。

试验于 2011 年在云南大理宾川县力角镇进行。白肋烟品种为 TN86。试验为单因素试验，设置 4 个留叶数处理，分别为 18 片(A_1)、21 片(A_2)、24 片(A_3)、27 片(A_4)。试验的行株距为 110cm×50cm，密度为 16500 株/hm²。试验的四个处理随机区组排列，重复 3 次，每个小区种植 50 株，试验地面积为 300m²。

3.6.1　留叶数对白肋烟叶片物理特性的影响

打顶去除了烟叶的顶端优势，留叶数的不同改变了烟叶内在营养物质的分配方向，对叶片长势有显著改变，同时影响烟叶内含物质的降解和分配。由图 3-17～图 3-19 可知，随着留叶数的增多，同一部位叶片的单叶重、叶质重和梗重都呈现出降低的趋势，表现为上部叶>中部叶>下部叶。由图 3-20 可知，随着留叶数的增多，同一部位叶片的含梗率呈逐渐降低的趋势，且表现为下部叶>中部叶>上部叶。

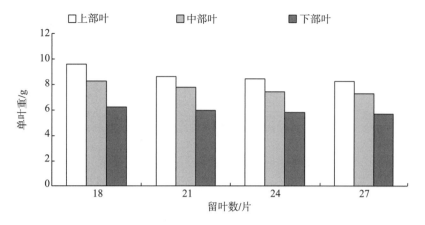

图 3-17　留叶数对白肋烟各个部位单叶重的影响

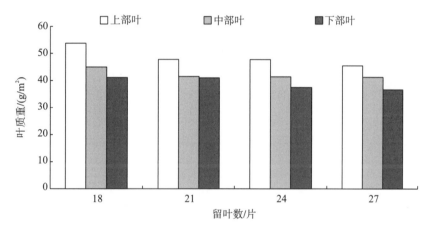

图 3-18　留叶数对白肋烟各个部位叶质重的影响

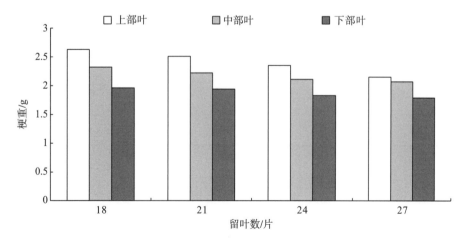

图 3-19　留叶数对白肋烟各个部位梗重的影响

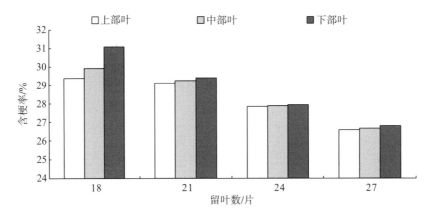

图 3-20　留叶数对白肋烟各个部位含梗率的影响

3.6.2　留叶数对白肋烟烟叶化学成分的影响

烟叶中还原糖和烟碱的比值常被作为烟气强度和柔和性的评价基础，两者的平衡是形成均衡烟气的重要因素。还原糖含量过高，烟碱含量过低，则烟气香味平淡、缺乏劲头；若还原糖含量过低，烟碱含量过高，则烟气劲头强烈，刺激性较大。

由表 3-13 可知，同一部位烟叶的还原糖和烟碱含量随留叶数的增加呈现出逐渐降低的趋势。相同留叶数下，烟叶的还原糖含量整体上表现为中部叶最高，上部叶次之，下部叶最低。

表 3-13　留叶数对白肋烟烟叶化学成分的影响

部位	留叶数/片	还原糖/(g/kg)	总糖/(g/kg)	总氮/(g/kg)	烟碱/(g/kg)
上部叶	18	4.70	15.00	32.80	54.80
	21	4.60	14.90	34.30	53.60
	24	4.50	13.80	47.10	50.90
	27	4.30	14.50	36.00	38.80
中部叶	18	5.10	16.40	26.03	51.50
	21	4.90	16.30	37.10	48.20
	24	4.50	15.70	38.20	42.30
	27	4.50	15.80	37.80	27.30
下部叶	18	4.60	14.80	26.00	30.90
	21	4.30	14.67	26.10	30.10
	24	4.20	14.50	24.80	24.60
	27	4.20	14.85	24.10	22.10

第4章 香气物质及调制增香

烟叶香气质量是衡量烟叶质量的核心内容，包括香气量、香气质等。烟叶香气质量是由烟叶挥发性香气物质的含量和组成决定的，其与香气前体物的含量和降解转化密切相关。根据烟叶香气前体物的不同，一般可将烟叶香气物质分为类胡萝卜素类降解产物、叶绿素降解产物、类西柏烷类降解产物、棕色化反应产物和芳香族氨基酸类降解产物等（史宏志等，2005a）。白肋烟香气物质丰富，香气量大，在混合型卷烟中起着重要的调香作用。白肋烟是典型的晾烟，烟叶香气质量除受生态条件、栽培技术和品种特性影响以外，还与烟叶晾制条件和技术密切相关。烟叶晾制是在自然环境条件下烟叶逐渐失水变干的过程，相对较高的温度和湿度有利于晾制过程中的香气前体物等大分子物质的降解转化和挥发性香气物质的形成，是优质白肋烟生产的必要条件。因此，控制晾制环境条件对提高烟叶香气质量极为重要。我国白肋烟产区生态条件差异较大，烟叶晾制期间的环境条件有一定差异，采用适宜的调制方式和技术对促进白肋烟香气质量十分必要。根据云南大理和四川达州白肋烟产区的生态条件及其存在的问题，笔者开展了生态、品种、栽培、晾制环境、调制技术对白肋烟香气质量影响的研究，取得了丰富的研究成果。

4.1 我国主要白肋烟产区烟叶香气物质含量对比分析

关于不同产区烟叶香气物质的差异在烤烟上多有报道，分析表明美国烤烟与国内烤烟相比，其巨豆三烯酮等类胡萝卜素类降解产物含量较高，而类西柏烷类降解产物的茄酮等含量偏低。国内浓香型产区烟叶的类胡萝卜素类降解产物含量一般高于清香型烟叶（史宏志和刘国顺，2016）。为明确我国不同产区白肋烟香气物质的差异，笔者采集了我国湖北恩施、四川达州、重庆万州、云南大理2006年同等级中部叶样品及美国同等级白肋烟样品，对不同产区白肋烟中性香气物质含量进行了系统分析对比。

4.1.1 不同产区白肋烟中性香气物质含量对比分析

1. 白肋烟质体色素降解产物含量对比分析

研究结果表明，美国优质白肋烟中香气物质含量高于国内白肋烟的有巨豆三烯酮1、巨豆三烯酮2、巨豆三烯酮4、香叶基丙酮、6-甲基-5-庚烯-2-酮等，说明较高的巨豆三烯酮含量可能是优质白肋烟的重要特征。美国优质白肋烟中的 β-大马酮、β-紫罗兰酮、β-二氢紫罗兰酮和氧代异佛尔酮等香气物质含量与国内主要产区白肋烟差别较小（表4-1）。

比较国内不同产区白肋烟香气物质可知，四川达州、湖北恩施白肋烟的 β-紫罗兰酮、香叶基丙酮、巨豆三烯酮、法尼基丙酮等重要香气物质含量相对较高，以四川达州白肋烟最为突出。

新植二烯是叶绿素降解产物，香气阈值较高，具有微弱香气。测定结果表明，重庆万州白肋烟的新植二烯含量与美国烟叶比较接近，云南大理、四川达州烟叶的新植二烯含量相对较高。

表 4-1　不同产区白肋烟质体色素降解产物含量　　　　　　　（单位：μg/g）

中性香气物质	美国	重庆万州	四川达州	湖北恩施	云南大理
β-大马酮	18.12	19.71	21.91	18.89	21.80
β-紫罗兰酮	2.30	1.42	3.93	3.28	2.15
β-二氢紫罗兰酮	1.84	1.91	1.83	1.73	1.42
氧代异佛尔酮	1.07	1.13	1.40	0.96	0.83
香叶基丙酮	10.19	5.83	7.09	7.21	5.88
巨豆三烯酮1	46.68	38.04	41.23	39.05	23.51
巨豆三烯酮2	9.37	7.94	9.13	7.94	8.02
巨豆三烯酮3	1.93	2.28	2.53	2.00	2.13
巨豆三烯酮4	38.19	33.14	35.36	34.03	23.50
3-氧代-α-紫罗兰醇	0.10	0.34	1.90	1.14	5.42
法尼基丙酮	21.09	16.91	21.77	19.75	16.09
3-羟基-β-二氢大马酮	3.89	3.53	4.57	4.29	5.40
6-甲基-5-庚烯-2-酮	1.59	1.13	1.12	0.96	1.36
新植二烯	511.86	490.26	702.33	456.19	737.89

2. 不同产区白肋烟类西柏烷类降解产物含量对比分析

类西柏烷类是烟叶腺毛分泌物的重要成分，以无味的表面蜡质形式存在于鲜烟叶中，在调制、陈化过程中可降解产生香气物质。类西柏烷类的降解产物是烟草中含量最丰富的中性香气物质——茄酮的来源。茄酮的氧杂双环化合物具有特别的香味，可以明显改善烟草的香吃味。测定结果表明，美国和湖北恩施白肋烟的茄酮含量相对较低，四川达州白肋烟的茄酮含量最高，其次为重庆万州和云南大理白肋烟（表 4-2）。茄酮含量不仅受光照、降水等气象条件的影响，也与叶片大小、施肥量等因素有关。不同产区茄酮含量的差异是多种因素共同作用的结果，值得进一步探索。

表 4-2　不同产区白肋烟类西柏烷类降解产物含量　　　　　　（单位：μg/g）

中性香气物质	美国	重庆万州	四川达州	湖北恩施	云南大理
茄酮	88.86	99.18	119.33	87.59	96.89

3. 不同产区白肋烟棕色化反应产物含量对比分析

测定结果表明，美国白肋烟的棕色化反应产物含量比较适中，糠醇含量略低于重庆万州和四川达州烟叶，高于湖北恩施和云南大理烟叶，糠醛含量除略高于湖北恩施烟叶外，均低于其他产区烟叶。云南大理烟叶的糠醛和 2-戊基呋喃含量最高，但其 3,4-二甲基-2,5-呋喃二酮含量却较低(表 4-3)。

表 4-3 不同产区白肋烟棕色化反应产物含量 (单位：μg/g)

中性香气物质	美国	重庆万州	四川达州	湖北恩施	云南大理
糠醛	5.32	7.55	6.53	4.93	17.90
糠醇	9.06	11.82	10.75	6.66	8.65
2-乙酰基呋喃	0.20	0.25	0.14	0.14	0.25
5-甲基-2-糠醛	3.53	4.61	4.64	3.70	3.61
2-戊基呋喃	0.56	0.69	0.63	0.41	0.96
3,4-二甲基-2,5-呋喃二酮	5.99	3.73	6.32	1.60	1.37

4. 不同产区白肋烟芳香族氨基酸类降解产物含量对比分析

芳香族氨基酸类降解产生的苯甲醇、苯乙醇、苯甲醛和苯乙醛是烟叶中另外一类香气物质，苯甲醇具有天然玫瑰香味；苯甲醛具有杏仁香、樱桃香和甜香；苯乙醛具有皂花香和焦香；苯乙醇则具有甜味和水果味。测定结果表明，我国不同产区白肋烟四种香气物质含量比较接近，四川达州烟叶的苯甲醇含量相对较高；美国白肋烟的苯乙醛、苯甲醛含量显著低于国内烟叶，苯甲醇和苯乙醇含量与国内烟叶接近(表 4-4)。

表 4-4 不同产区白肋烟芳香族氨基酸类降解产物含量 (单位：μg/g)

中性香气物质	美国	重庆万州	四川达州	湖北恩施	云南大理
苯甲醇	9.62	10.49	12.99	9.22	8.97
苯甲醛	2.15	2.75	2.88	2.78	2.97
苯乙醛	14.23	28.04	29.29	28.92	27.39
苯乙醇	17.92	15.00	18.61	18.48	17.64

4.1.2 不同产区白肋烟类胡萝卜素类含量对比分析

类胡萝卜素类主要包括 β-胡萝卜素、叶黄素、新黄质、紫黄质等，是烟叶重要的香气前体物，在烟叶成熟、调制和陈化过程中可降解转化形成重要香气物质，叶黄素的降解可形成巨豆三烯酮、β-紫罗兰酮、氧代异佛尔酮等；β-胡萝卜素的降解转化可形成 β-大马酮、β-二氢大马酮等。通过对不同产区白肋烟的类胡萝卜素类含量进行测定，发现除叶黄素和 β-胡萝卜素外，其他类胡萝卜素类含量由于降解转化在各样品中均低于检测阈值。云南大理烟叶的叶黄素和 β-胡萝卜素含量均显著高于其他产区白肋烟(表 4-5)。

表 4-5 不同产区白肋烟的类胡萝卜素类含量 (单位：μg/g)

类胡萝卜素类	美国	重庆万州	四川达州	湖北恩施	云南大理
β-胡萝卜素	9.65	14.81	13.82	8.70	23.08
叶黄素	31.19	32.40	31.94	29.19	65.99

4.1.3　不同产区白肋烟生物碱含量对比分析

生物碱组成和含量直接影响白肋烟的风格程度、生理强度和香味品质。测定结果表明，我国不同产区白肋烟的烟碱和降烟碱含量差别极大，湖北恩施和云南大理白肋烟的烟碱含量高于美国白肋烟，而四川达州和重庆万州白肋烟的烟碱含量却显著低于美国烟叶。四川达州白肋烟的降烟碱含量高达 36.81mg/g，是美国白肋烟的 25.6 倍，重庆万州和湖北恩施白肋烟的降烟碱含量也远高于美国烟叶，云南大理白肋烟的降烟碱含量与美国烟叶没有显著差异（表 4-6）。

表 4-6　不同产区白肋烟的生物碱含量　　　　　　　　（单位：mg/g）

产区	烟碱	降烟碱	假木贼碱	新烟草碱
四川达州	22.18	36.81	0.17	1.38
重庆万州	31.94	8.53	0.22	1.03
湖北恩施	51.85	5.82	0.43	1.26
云南大理	49.99	1.60	0.23	1.36
美国	42.66	1.44	0.19	1.11

4.2　不同烟草类型烟叶常规化学成分含量和中性香气物质含量分析

烟草香气物质的种类、含量及组成比例是决定烟叶香气的重要内容。以往有关香气方面的研究主要集中在生态、品种、栽培条件对香气物质含量的影响等方面，对我国不同烟草类型烟叶香气物质含量的分析比较少。我国四川省烟草类型十分丰富，烟叶质量优良，特色鲜明，且种烟历史悠久，具备生产优质烤烟、白肋烟、香料烟、马里兰烟和地方晒烟的良好生态环境条件。通过采集四川省不同产区不同类型烟叶，对其常规化学成分和中性香气物质进行了对比分析，旨在明确各烟草类型烟叶的化学组成和香气物质特点，为进一步研究我国烟叶质量、提高不同类型烟叶可用性提供理论参考（赵晓丹等，2012）。

不同烟草类型烟叶取自 2008 年四川有关产区调制后的上二棚烟叶，包括烤烟（凉山）、白肋烟（达州）、沙姆逊香料烟（攀枝花）、马里兰烟（达州）、晒烟（万源毛烟、万源兰花烟、万源巫烟、什邡毛烟），样品来自各烟草类型烟叶典型产区。

4.2.1　不同烟草类型烟叶常规化学成分含量分析

表 4-7 表明，不同烟草类型烟叶在化学成分上有着很鲜明的特色，烤烟的总糖和还原糖含量最高，香料烟次之；万源巫烟的总氮含量最高，为 3.58%，香料烟的总氮含量最低，仅为 1.79%，地方晒烟的烟味浓、劲头大，与其总氮含量均较高有着一定的联系。除万源兰花烟以外，其他烟草类型的烟碱含量表现为：晒烟>白肋烟>烤烟>马里兰烟>香料烟。

表 4-7　不同烟草类型烟叶的常规化学成分含量

指标	烤烟	白肋烟	香料烟	马里兰烟	晒烟			
					万源毛烟	什邡毛烟	万源巫烟	万源兰花烟
总糖/%	28.36	1.54	14.85	1.34	0.75	1.73	0.86	1.87
还原糖/%	24.52	0.58	10.13	0.74	0.37	0.80	0.50	1.61
总氮/%	2.29	2.88	1.79	2.49	2.93	3.12	3.58	2.63
烟碱/%	2.45	4.30	1.50	2.09	4.72	5.93	7.54	1.56
钾/%	2.37	3.02	1.86	3.72	2.32	2.25	2.98	4.47
氯/%	0.36	0.41	0.35	0.48	0.33	0.38	0.45	0.34
氮碱比	0.93	0.67	1.19	1.19	0.62	0.53	0.47	1.69
糖碱比	11.58	0.36	9.90	0.64	0.16	0.29	0.11	1.20
钾氯比	6.58	7.37	5.31	7.75	7.03	5.92	6.62	13.15

注：氮碱比为总氮含量与烟碱含量比值。

4.2.2　不同烟草类型烟叶中性香气物质含量分析

烟叶中性香气物质具有不同的化学结构和性质，因而对人的嗅觉可以产生不同的刺激作用，使人产生不同的嗅觉反应，中性香气物质对烟叶香气的质、量、型有不同的贡献。测定结果(表 4-8)表明，不同类型烟叶中性香气物质的种类虽然基本相同，但在含量上差异显著。其中，含量较高的有新植二烯、茄酮、糠醛、β-大马酮、法尼基丙酮、巨豆三烯酮等。茄酮含量最高的为 114.88μg/g，是最低的 3.79μg/g 的 30.31 倍。

表 4-8　不同烟草类型烟叶中性香气物质含量　　　　(单位：μg/g)

分类	中性香气物质	烤烟	白肋烟	香料烟	马里兰烟	晒烟			
						万源毛烟	什邡毛烟	万源巫烟	万源兰花烟
类胡萝卜素类降解产物	芳樟醇	2.15	0.81	0.74	0.83	0.98	0.50	1.05	0.26
	氧代异佛尔酮	0.27	0.59	0.45	0.80	0.95	0.63	0.64	0.75
	4-乙烯基-2-甲氧基苯酚	0.33	0.14	0.16	0.13	0.17	0.12	0.07	0.08
	β-大马酮	21.58	10.81	14.82	14.57	15.57	14.15	16.97	8.69
	香叶基丙酮	12.03	9.14	6.15	7.36	7.65	6.42	19.92	4.63
	脱氢 β-紫罗兰酮	0.22	0.43	1.34	0.42	0.20	0.51	0.91	0.40
	二氢猕猴桃内酯	3.47	0.74	0.40	0.85	0.47	0.44	0.68	0.18
	巨豆三烯酮1	0.25	3.67	3.08	3.59	3.46	3.82	8.63	5.02
	巨豆三烯酮2	0.35	14.89	11.77	14.03	14.8	16.83	36.53	22.43
	巨豆三烯酮3	0.53	0.58	0.12	0.24	0.29	0.17	0.28	0.21
	3-羟基-β-二氢大马酮	1.91	0.45	2.33	0.72	0.77	0.65	0.95	0.52
	巨豆三烯酮4	2.20	0.37	0.76	0.50	1.36	0.85	2.63	0.19
	螺岩兰草酮	4.80	0.83	2.54	1.47	1.29	1.72	1.55	0.72
	法尼基丙酮	13.2	18.07	10.52	17.13	23.43	12.49	18.16	9.15

分类	中性香气物质	烤烟	白肋烟	香料烟	马里兰烟	晒烟			
						万源毛烟	什邡毛烟	万源巫烟	万源兰花烟
芳香族氨基酸类降解产物	苯甲醛	1.27	3.23	3.76	1.56	2.66	1.79	3.24	4.85
	苯甲醇	7.87	3.83	4.37	5.10	9.58	3.32	7.29	10.24
	苯乙醛	1.16	0.67	2.07	0.96	3.72	0.58	3.58	1.62
	苯乙醇	3.07	8.38	6.00	5.85	11.22	5.84	35.01	17.05
类西柏烷类降解产物	茄酮	40.10	48.70	107.91	99.72	97.30	60.81	114.88	3.79
棕色化反应产物	糠醛	15.90	9.61	31.05	6.51	8.21	3.30	3.91	9.21
	糠醇	1.96	2.18	4.39	1.99	2.34	1.00	4.16	6.75
	2-乙酰基呋喃	0.40	0.24	1.47	0.27	0.42	0.21	0.31	0.46
	5-甲基糠醛	0.70	2.35	1.79	1.81	1.62	1.77	2.61	3.00
	6-甲基-5-庚烯-2-酮	0.66	0.48	0.67	1.53	1.60	1.41	2.49	0.08
	3,4-二甲基-2,5-呋喃二酮	2.65	20.05	8.72	13.54	9.36	20.03	32.19	19.58
	2-乙酰基吡咯	0.44	0.11	0.09	0.17	0.27	0.44	0.31	0.59
新植二烯		731.92	422.09	211.89	372.21	404.62	336.41	347.21	192.16

4.3 调制方式对白肋烟和烤烟中性香气物质含量的影响

4.3.1 烤烟和白肋烟互换调制方法对中性香气物质含量的影响

香气是决定烟叶质量的重要因素，是评定烟叶及其制品品质的重要指标。优质烟叶燃烧过程中产生的香气量大、质纯、香型突出、吃味醇和。烟叶的香气质、香气量和香型风格是由多种中性香气物质的组成、含量、比例及其相互作用所决定的。长期以来，烟叶香气量不足是我国烟叶质量不高的原因之一，生产低焦油卷烟在降低焦油量的同时香气量也损失了，因此对烟叶香气提出了更高的要求。为了弥补低焦油烤烟型卷烟香气的不足，不少企业试图通过在配方中使用一定比例的白肋烟增加烟叶的香气量，但烤烟型卷烟中添加白肋烟后会在一定程度上造成烤烟型卷烟风格的下降，因此，如何充分利用白肋烟中性香气物质含量丰富的优势，同时又避免晾晒烟气息的干扰是拓宽白肋烟利用途径需要解决的重要问题。

烟草基因型、生态环境因素、栽培技术和调制过程等是影响烟叶中性香气物质含量和香味风格的主要因素。烤烟和白肋烟烟叶香味风格、主要中性香气物质含量有显著差异，这是由遗传因素、栽培技术和调制方式的差异引起的，调制方式的差异对烤烟和白肋烟烟叶香味风格和主要香气物质含量差异的影响程度目前尚不明晰。烟叶调制过程是香气前体物降解和中性香气物质形成的主要时期，烘烤和晾制两种调制方式存在调制环境温度和湿度的差异，可直接影响香气前体物的降解和转化。过去烤烟和白肋烟多针对正常调制方式下不同调制条件开展研究，无法比较同一烟草类型不同调制方式间香气物质含量的差异，也难以揭示调制环境条件不同对中性香气物质形成和积累的影响。因此，深入认识调制方式对烟叶中性香气物质含量和香味风格的影响将有助于通过调整烟叶调制方式达到调控烟叶中性香气物质组成和含量的目的。本节分别以白肋烟和烤烟为材料，每种烟草类型分别进行晾制和烘烤以比较调制方式对中性香气物质形成和积累的影响，以期为优质特色烟叶的生产提供参考。

试验于 2011 年和 2012 年分别在云南大理和四川达州进行。四川达州试验选用白肋烟达白 1 号和烤烟 K326，云南大理试验选用白肋烟 TN86 和烤烟红花大金元，分别以当地白肋烟和烤烟推荐栽培方法进行栽培和管理，成熟采收后同一品种分别进行烘烤和晾制，调制结束后选用叶位 9～13 叶片进行中性香气物质测量（张广东，2015；张广东等，2015a）。

1. 烤烟烘烤和晾制条件下中性香气物质含量的差异

类胡萝卜素类在调制过程中可降解产生多种重要的中性香气物质。从表 4-9 可以看出，类胡萝卜素类降解产物总量在晾制和烘烤间差异不明显。

表 4-9　烤烟烘烤和晾制条件下中性香气物质的含量　　　　　　（单位：μg/g）

中性香气物质	云南大理		四川达州	
	烘烤	晾制	烘烤	晾制
芳樟醇	1.713	2.184	0.525	1.180
6-甲基-5-庚烯-2-酮	0.707	0.445	0.482	0.217
6-甲基-5-庚烯-2-醇	1.139	2.499	0.663	1.605
脱氢 β-紫罗兰酮	0.506	0.487	0.242	0.214
氧代异佛尔酮	0.405	0.449	0.162	0.181
β-大马酮	22.332	17.568	10.918	9.094
香叶基丙酮	4.934	7.956	1.758	4.664
二氢猕猴桃内酯	0.739	1.282	1.549	2.454
巨豆三烯酮 1	2.027	1.221	2.367	1.678
巨豆三烯酮 2	6.058	2.973	10.393	6.347
巨豆三烯酮 3	1.357	2.560	2.620	3.880
3-羟基-β-二氢大马酮	0.801	0.661	0.885	0.693
巨豆三烯酮 4	8.674	3.029	14.479	7.744
螺岩兰草酮	1.568	2.402	1.005	1.322
法尼基丙酮	11.365	20.985	8.505	16.533
4-乙烯基-2-甲氧基苯酚	0.155	0.277	0.278	0.377
类胡萝卜素类降解产物总量	64.480	66.978	56.831	58.183
糖醛	19.837	31.764	9.845	15.638
糖醇	3.132	4.414	1.410	2.540
2-乙酰基呋喃	0.695	0.294	0.235	0.111

中性香气物质	云南大理		四川达州	
	烘烤	晾制	烘烤	晾制
3,4-二甲基-2,5-呋喃二酮	1.405	2.434	0.650	1.282
2-乙酰基吡咯	0.643	0.100	0.160	0.081
棕色化反应产物总量	25.712	39.006	12.300	19.652
苯甲醛	1.960	0.592	1.796	0.894
苯甲醇	8.471	8.716	7.113	7.894
苯乙醛	9.938	1.241	8.405	1.084
苯乙醇	4.544	7.680	7.766	11.398
芳香族氨基酸降解产物总量	24.913	18.229	25.080	21.270
茄酮	21.302	82.029	35.127	87.298
新植二烯	615.188	212.218	842.172	548.065

2. 白肋烟烘烤和晾制条件下中性香气物质含量的差异

从表 4-10 可以看出,白肋烟在烘烤和晾制条件下,类胡萝卜素类降解产物总量烘烤较晾制有所增加。

表 4-10　白肋烟烘烤和晾制条件下中性香气物质的含量　　　　(单位: μg/g)

中性香气物质	云南大理		四川达州	
	晾制	烘烤	晾制	烘烤
芳樟醇	1.119	0.956	1.211	0.830
6-甲基-5-庚烯-2-酮	0.665	0.183	0.842	0.380
6-甲基-5-庚烯-2-醇	1.177	0.816	1.395	1.176
脱氢 β-紫罗兰酮	0.204	0.332	0.185	0.288
氧代异佛尔酮	0.085	0.101	0.181	0.281
β-大马酮	21.254	22.699	14.638	15.325
香叶基丙酮	3.197	2.167	4.106	3.268
二氢猕猴桃内酯	1.308	0.611	2.612	2.186
巨豆三烯酮 1	3.880	5.720	1.832	2.995
巨豆三烯酮 2	15.873	23.195	13.265	22.764
巨豆三烯酮 3	3.480	5.261	2.420	3.263
3-羟基-β-二氢大马酮	3.881	4.085	1.503	1.689
巨豆三烯酮 4	16.392	27.153	14.530	26.402
螺岩兰草酮	1.294	2.933	1.690	2.393
法尼基丙酮	15.730	14.287	16.918	12.352
4-乙烯基-2-甲氧基苯酚	0.150	0.175	0.500	0.896
类胡萝卜素类降解产物总量	89.689	110.674	77.828	96.488
糖醛	18.585	16.199	18.802	16.967
糖醇	2.344	2.939	1.624	2.677

续表

中性香气物质	云南大理		四川达州	
	晾制	烘烤	晾制	烘烤
2-乙酰基呋喃	0.294	0.267	0.152	0.172
3,4-二甲基-2,5-呋喃二酮	1.315	1.669	1.640	1.734
2-乙酰基吡咯	0.131	0.364	0.099	0.295
棕色化反应产物总量	22.669	21.438	22.317	21.845
苯甲醛	2.656	4.264	0.494	1.222
苯甲醇	7.082	11.005	9.164	12.219
苯乙醛	26.404	36.502	13.125	24.469
苯乙醇	13.228	19.461	7.301	8.965
芳香族氨基酸类降解产物总量	49.370	71.232	30.084	46.875
茄酮	62.789	26.630	108.066	24.428
新植二烯	857.174	1199.300	466.731	840.589

烟草香气物质代谢包括香气前体物的合成、降解，中性香气物质的形成、转化等过程。在烟叶的生长发育、成熟及调制等过程中，香气物质合成与降解的种类、强度、比例处于动态变化之中。烟叶的调制过程在人工控制条件或自然条件下进行，以促进烟叶香气前体物的进一步降解和烟叶中性香气物质的形成。烘烤多采用密集烤房及三段式烘烤工艺进行，烘烤周期短且整个过程中各阶段对温度、湿度的要求不同。晾制是一个比较缓慢的过程，一般需要 45～55d，整个晾制过程在自然环境条件下进行，对于不同的晾制时期，自然环境条件也有所不同。烘烤和晾制这两种烟叶调制方式之间的温度、湿度及调制时间存在较大差异。香气物质代谢是在酶或非酶作用下进行的，调制过程中温度和湿度影响烟叶的含水率、失水速率及生理生化变化关键酶活性，从而影响香气前体物的降解及中性香气物质的形成和积累。许多研究已经表明，调制过程中的温度、湿度及调制时间对烟叶的生理生化过程有着极大的影响。

研究发现，晾制条件不利于叶绿素降解产物新植二烯的积累，这可能是因为晾制条件促进了新植二烯的进一步降解；而茄酮含量晾制较烘烤高出很多，这表明晾制条件有利于茄酮的积累。晾制条件下烤烟棕色化反应产物总量显著提高，这可能与晾制过程中烟叶中的蛋白质及淀粉的进一步水解有关。

综上所述，烤烟及白肋烟在烘烤和晾制两种调制方法下中性香气物质含量有显著差异。晾制不利于烤烟特征香气物质及新植二烯的积累，但可显著地提高烤烟棕色化反应产物总量及茄酮含量，而烘烤有利于白肋烟新植二烯、巨豆三烯酮及芳香族氨基酸类降解产物的积累，也可有效地降低白肋烟的茄酮含量。调制方法不同对烤烟烟叶类胡萝卜素类降解产物总量影响较小，但对其各组分含量及比例影响较大。

4.3.2 调制方式对烟叶常规成分和中性香气物质含量的影响

烟叶品质的形成是一个复杂的过程，受多种因素影响。目前对烟叶调制过程的化学成分和生理生化的研究已有很多，烟叶香气前体物是分子量较大、本身不具有挥发性、不产生香气的化合物。在烟叶调制过程中，这些大分子物质在酶促和非酶促反应下碳链断裂形成小分子的具有挥发性的香气物质，不同的调制环境和工艺将直接影响碳链的断裂部位和反应的方向，从而影响烟叶中性香气物质的含量和组成比例，进而对烟叶的香气风格产生影响。揭示不同调制环境和调制方式下香气物质的形成机理，对有针对性地改变烟叶中性香气物质含量、提高烟叶香气质量、彰显烟叶质量特色有重要意义。此外，烟叶调制包括烘烤、晾制、晒制等多种调制方式，目前一种烟叶只局限于采用一种调制方式，采用其他调制方式或者不同调制方式相结合是否可以有针对性地改变烟叶香气品质和风格特点尚不清楚，如对白肋烟适当采用烘烤的方式是否可以提高烟叶香气物质含量，是否更有利于生产接近烤烟风格的烟叶，这些都值得研究。在减害降焦的过程中，卷烟的香气量、香气质有较大的损失，影响消费者利益，需要弥补香气，烟草农业及卷烟工业已采取了很多应对措施，但效果尚不明显。晾晒烟具有较高的香气量和较好的香气质，且含糖量较低，适合生产低焦油型卷烟，但在中式卷烟生产中使用晾晒烟还存在较多问题，通过研究晾晒烟的调制方式来解决晾晒烟在中式卷烟生产中的应用问题或许是"减害降焦"的有效途径之一。

本试验于 2013 年在河南省宝丰县国家烟草栽培生理生化研究基地试验站进行，试验选用烤烟 K326 和白肋烟达白 1 号，以优质烤烟和白肋烟种植方法进行栽培和管理，以烟株中部叶和上部叶为研究对象，成熟采收后进行烘烤、晾制、先晾再烤(晾制至变黄末期再烘烤，晾制约 14d 后放入烤房中烘烤，此时烤房温度和湿度处于烤烟烟叶正常调制定色期)3 种调制方式进行调制。调制结束后，对中、上部叶常规化学成分、中性香气物质等进行测量及感官质量评价(张广东等，2015b)。

1. 调制方式对烟叶常规化学成分的影响

改变调制方式对烟叶常规化学成分影响很大，对烟叶总氮、烟碱及总糖含量的影响更为显著。

1)不同调制方式下烤烟常规化学成分差异分析

由表 4-11 可知，调制方式对烤烟中、上部叶常规化学成分含量影响很大，不同调制方式的烤烟中、上部叶常规化学成分含量变化规律相似。总氮、烟碱、钾含量均表现为晾制＞先晾再烤＞烘烤；而总糖、还原糖、氯含量则以烘烤烟叶含量最高；总糖、还原糖、烟碱含量在烘烤与先晾再烤间差异较大，而在先晾再烤与晾制间差异较小，还原糖与总糖含量的比值在三种调制方式间无明显差异。

表 4-11　三种调制方式下烤烟中、上部叶常规化学成分含量

部位	调制方式	总氮/%	总糖/%	还原糖/%	烟碱/%	氯/%	钾/%	还原糖/总糖
中部叶	烘烤	2.19	13.25	13.04	2.67	0.69	1.71	0.98
	先晾再烤	2.37	8.94	8.58	3.16	0.61	1.76	0.96
	晾制	2.56	8.69	8.09	3.36	0.57	2.05	0.93

续表

部位	调制方式	总氮/%	总糖/%	还原糖/%	烟碱/%	氯/%	钾/%	还原糖/总糖
	烘烤	2.61	11.37	10.94	2.58	0.75	1.95	0.96
上部叶	先晾再烤	2.76	9.64	9.14	3.47	0.73	2.00	0.95
	晾制	2.99	9.67	9.20	3.51	0.69	2.03	0.95

2) 不同调制方式下白肋烟常规化学成分差异分析

由表 4-12 可知，调制方式对白肋烟常规化学成分影响较大，不同调制方式间白肋烟中、上部叶常规化学成分含量变化规律相似。烟叶总氮和烟碱含量表现为晾制＞烘烤＞先晾再烤，而总糖和还原糖含量则表现为烘烤＞先晾再烤＞晾制，这说明在烘烤条件下，烟叶的糖含量有一定的升高，但较烤烟而言，白肋烟在烘烤条件下的糖含量依然很低。

表 4-12　三种调制方式下白肋烟中、上部叶常规化学成分含量

部位	调制方式	总氮/%	总糖/%	还原糖/%	烟碱/%	氯/%	钾/%	还原糖/总糖
	烘烤	3.92	1.41	0.90	3.90	0.79	2.31	0.64
中部叶	先晾再烤	3.55	0.77	0.39	3.77	0.69	2.18	0.51
	晾制	4.12	0.63	0.27	4.02	0.84	2.13	0.43
	烘烤	4.00	2.80	2.47	3.89	0.97	2.44	0.88
上部叶	先晾再烤	3.89	0.89	0.57	3.67	0.92	2.46	0.64
	晾制	4.10	0.76	0.36	3.94	1.07	2.50	0.47

2. 调制方式对烟叶中性香气物质含量的影响

1) 三种调制方式下烤烟中、上部叶中性香气物质含量的差异

由表 4-13 可知，改变调制方式对烤烟中、上部叶中性香气物质含量影响很大，且不同调制方式下烟叶中性香气物质含量在中部叶和上部叶间的变化规律存在差异。

新植二烯是叶绿素降解产物，自身具有清香气，有减小烟气刺激性、醇和烟气的作用，是烟叶重要的增香剂，在中性香气物质中所占比例较高，但其阈值也较高。试验结果中新植二烯含量表现为烘烤＞先晾再烤＞晾制，随着晾制时间的延长，新植二烯的含量大幅度下降，且三种调制方式间新植二烯含量的差异较大。茄酮是烟叶重要的香气物质，试验结果中茄酮含量的变化规律与新植二烯含量的变化规律相反，表现为烘烤＜先晾再烤＜晾制，即随着晾制时间的延长，其含量逐渐增加，且三种调制方式间茄酮含量差异较大。

类胡萝卜素类是烟叶中重要的萜烯化合物，在调制过程中可降解产生多种重要的香气物质。其降解产物总量在中部叶三种调制方式间差异较小，而在上部叶烘烤与先晾后烤间差异较大，先晾后烤与晾制间差异较小，这说明上部叶调制前期晾制不利于类胡萝卜素类降解产物的积累。

糠醛是棕色化反应主要产物，中、上部叶糠醛含量在三种调制方式间差异较大，表现为烘烤＜先晾再烤＜晾制。

表 4-13　三种调制方式下烤烟中、上部叶中性香气物质含量　　　　　（单位：μg/g）

中性香气物质	中部叶			上部叶		
	烘烤	先晾后烤	晾制	烘烤	先晾后烤	晾制
芳樟醇	0.99	1.14	1.49	0.87	1.25	1.32
6-甲基-5-庚烯-2-酮	0.36	0.27	0.42	0.39	0.51	0.44
6-甲基-5-庚烯-2-醇	0.78	0.94	0.93	0.75	0.98	1.29
异佛尔酮	0.75	0.74	0.83	0.66	0.00	0.00
氧代异佛尔酮	0.31	0.34	0.31	0.34	0.35	0.32
β-大马酮	18.61	20.00	19.57	15.20	13.91	13.68
香叶基丙酮	3.43	4.93	4.83	4.01	5.63	6.40
二氢猕猴桃内酯	1.12	1.75	2.18	1.10	2.11	1.99
巨豆三烯酮1	3.54	2.61	1.83	3.79	2.38	2.24
巨豆三烯酮2	16.18	11.41	7.78	16.45	8.85	8.20
巨豆三烯酮3	6.72	8.32	11.82	10.10	11.64	12.39
3-羟基-β-二氢大马酮	3.78	5.69	8.39	3.92	5.26	6.04
巨豆三烯酮4	17.82	12.59	10.57	19.15	12.02	10.57
螺岩兰草酮	0.75	1.83	2.53	1.37	2.60	2.55
法尼基丙酮	10.36	12.70	15.65	10.66	12.30	10.94
类胡萝卜素类降解产物总量	85.50	85.26	89.13	88.76	79.79	78.37
糠醛	18.42	26.76	36.06	22.10	34.14	35.83
糠醇	0.79	1.08	2.04	0.91	1.68	1.27
2-乙酰基呋喃	0.39	0.42	0.77	0.98	1.50	1.29
2-乙酰基吡咯	0.11	0.09	0.13	0.20	0.21	0.09
棕色化反应产物总量	19.71	28.35	39.00	24.19	37.53	38.48
苯甲醛	1.53	1.01	0.81	1.54	1.17	0.88
苯甲醇	11.06	11.39	13.87	11.22	17.99	11.64
苯乙醛	9.51	1.72	1.70	9.93	1.56	1.88
苯乙醇	8.57	8.49	11.22	7.54	10.19	7.56
芳香族氨基酸类降解产物总量	30.67	22.61	27.60	30.23	30.91	21.96
茄酮	28.52	42.87	66.59	29.88	49.03	76.73
新植二烯	719.14	644.66	465.53	660.31	399.90	326.04

2) 三种调制方式下白肋烟中、上部叶中性香气物质含量的差异

由表 4-14 可知，改变调制方式对白肋烟中、上部叶中性香气物质含量影响很大，且不同调制方式下烟叶中性香气物质含量在中部叶和上部叶间的变化规律存在差异。

类胡萝卜素类降解产物在三种调制方式间差异明显，不同降解产物在三种调制方式间的变化规律存在差异。类胡萝卜素类降解产物总量在中部叶和上部叶三种调制方式中的晾制条件下均最低，而在先晾后烤条件下均最高。

棕色化反应产物总量上部叶明显高于中部叶，且中部叶和上部叶棕色化反应产物含量

在三种调制方式间的变化规律存在差异，中部叶棕色化反应产物含量在晾制条件下最高，而上部叶棕色化反应产物含量在先晾后烤条件下最高。芳香族氨基酸类降解产物总量在中部叶和上部叶三种调制方式中的晾制条件下均最低，而中部叶芳香族氨基酸类降解产物总量在烘烤条件下最高，上部叶芳香族氨基酸类降解产物总量在先晾后烤条件下最高。

茄酮含量在中部叶和上部叶三种调制方式间的变化规律相同，均表现为晾制＞先晾后烤＞烘烤，且三种调制方式间茄酮含量差异较大；新植二烯含量中部叶和上部叶三种调制方式间的变化规律表现为烘烤＞晾制＞先晾后烤，且三种调制方式间新植二烯含量差异明显。

表 4-14　三种调制方式下白肋烟中、上部叶中性香气物质含量　　　（单位：μg/g）

中性香气物质	中部叶			上部叶		
	烘烤	先晾后烤	晾制	烘烤	先晾后烤	晾制
芳樟醇	0.95	1.00	1.27	1.16	1.15	1.66
6-甲基-5-庚烯-2-酮	0.68	0.69	0.66	1.04	1.09	0.99
6-甲基-5-庚烯-2-醇	0.51	0.41	0.62	0.52	0.64	0.61
异佛尔酮	1.05	1.01	0.92	0.97	1.12	0.80
氧代异佛尔酮	0.38	0.46	0.45	0.43	0.56	0.56
β-大马酮	20.94	23.11	22.04	16.14	20.68	17.75
香叶基丙酮	2.86	2.58	3.37	2.77	2.81	3.98
二氢猕猴桃内酯	1.28	1.25	1.76	1.49	1.48	1.72
巨豆三烯酮 1	6.17	6.56	5.73	6.36	8.14	6.39
巨豆三烯酮 2	29.94	31.23	26.17	31.00	40.78	28.18
巨豆三烯酮 3	8.18	7.82	5.99	7.56	9.25	5.95
3-羟基-β-二氢大马酮	6.48	7.67	5.47	7.14	8.20	6.41
巨豆三烯酮 4	30.24	38.61	20.70	31.59	39.72	26.70
螺岩兰草酮	1.12	0.63	0.30	0.78	0.58	0.37
法尼基丙酮	9.49	6.04	5.71	7.18	6.82	5.55
4-乙烯基-2-甲氧基苯酚	0.09	0.08	0.07	0.04	0.13	0.05
类胡萝卜素类降解产物总量	120.36	129.15	101.23	116.17	143.15	107.67
糠醛	11.12	10.68	14.98	15.10	15.16	15.06
糠醇	1.63	1.70	1.73	1.63	3.09	2.74
2-乙酰基呋喃	0.32	0.34	0.43	0.33	0.56	0.38
2-乙酰基吡咯	0.16	0.11	0.09	0.10	0.23	0.00
棕色化反应产物总量	13.23	12.83	17.23	17.16	19.04	18.18
苯甲醛	2.83	2.45	2.50	3.10	3.70	4.21
苯甲醇	6.12	4.78	3.36	6.72	7.74	6.81
苯乙醛	26.79	25.34	24.84	26.49	28.98	21.10
苯乙醇	8.71	8.19	5.59	13.03	17.00	10.29
芳香族氨基酸类降解产物总量	44.45	40.76	36.29	49.34	57.42	42.41
茄酮	46.15	90.66	126.54	69.84	109.44	150.24
新植二烯	870.70	558.23	636.11	818.64	505.79	559.24

4.4 晾制环境和物理保湿对白肋烟品质的影响

白肋烟是典型的晾烟，晾制后烟叶具有独特浓郁的香味，是混合型卷烟必不可少的原料。与烤烟相比，除生物碱和总氮含量较高外，白肋烟中性香气物质中的类胡萝卜素类降解产物和类西柏烷类降解产物含量也较高，但棕色化反应产物和芳香族氨基酸类降解产物含量偏低。白肋烟晾制后烟叶中中性香气物质的组成和含量对白肋烟的香味品质、风格程度有重要影响。在晾制过程中，白肋烟烟叶外观特征、叶片结构和化学成分都会发生显著的变化。白肋烟调制受通风、温度和湿度三个因素影响，在变黄期和变褐期，每天平均相对湿度应保持较高水平，如果烟叶干燥太快，易产生青斑或杂色，烟叶香气量较少。晾房的温度、湿度对白肋烟质量及叶片含水率有重要影响。在低湿环境下晾制，烟叶内的自由水含量下降最快，在高湿环境下，烟叶中的自由水含量下降较慢。世界优质白肋烟产区(如美国肯塔基州)一般表现为在烟叶晾制期间，空气湿度较高，温度适宜，烟叶干燥过程缓慢，晾制时间较长，物质降解转化充分，色浓香足，品质优良。我国湖北恩施和四川达州白肋烟产区，在白肋烟晾制阶段空气湿度也较大。云南大理白肋烟生产水平较高，但在晾制期间空气湿度相对偏低，对烟叶质量的提升产生不利影响。随着烟草种植区域的调整，云南大理白肋烟不断由宾川向云龙、鹤庆等新产区发展。云龙降水较多，晾制期间空气湿度大，具有发展优质白肋烟的潜力。充分认识白肋烟晾制期间温度、湿度对烟叶质量的影响对采取晾房环境调节措施保证晾制温度和湿度适宜，促进烟叶质量提升有重要意义。

4.4.1 晾制环境温度和湿度对白肋烟品质的影响

本试验选择云南大理的宾川和云龙两个典型生态区，将同一产区生产的烟叶分别在两地进行晾制，系统比较两地晾制环境中温度、湿度的差异及其对烟叶晾制进程和中性香气物质含量的影响，以深入揭示晾制温度、湿度对烟叶品质形成的作用，为采取适宜的白肋烟晾制设备和技术，改善晾制环境，优化晾制技术，促进优质白肋烟生产提供理论依据(周海燕等，2013a，2013b)。

试验于 2011 年在宾川和云龙两地进行，供试土壤为砂壤土，供试品种为 TN86，烟田移栽后 75d 打顶，统一留叶数为 25 片/株，于 8 月 17 日采收，半整株成熟采收晾制。烟株成熟前选择 80 株健壮整齐、留叶数一致的烟株，统一采收，其中 40 株挂在宾川当地标准晾房晾制，另外 40 株于采收当日运至云龙标准晾房晾制。晾制结束后取样，分别取中部叶(13、14、15 叶位)和上部叶(20、21、22 叶位)的烟叶 1.5kg 测定。为了使样品具有更广泛的代表性，采用半叶取样法，其中一半用于化学成分测定，另一半用于外观和其他品质测定。

1. 宾川和云龙白肋烟晾制期间温度、湿度差异及对晾制进程的影响

宾川和云龙均处于滇西地区，受地势地貌影响，气候特征差异较大。云龙自然降水偏

多，空气湿度较高。宾川降水较少，空气湿度较低。采用温度、湿度自动记录仪对两地晾房内温度、湿度进行连续测定，结果表明，云龙晾房空气湿度显著高于宾川晾房(图 4-1)。两地白肋烟晾制期间晾房内温度差异相对较小，且变化趋势较为一致(图 4-2)。

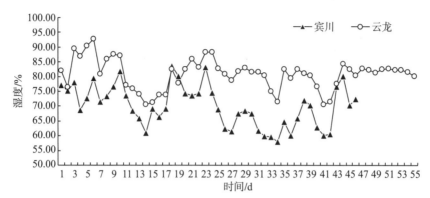

图 4-1　晾制期间宾川和云龙两地日均湿度的变化趋势

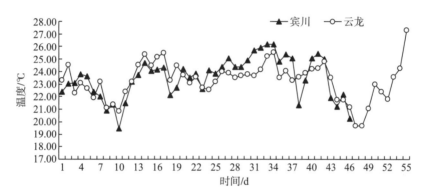

图 4-2　晾制期间宾川和云龙两地日平均温度变化趋势

在整个晾制过程中，根据白肋烟外观的变化，白肋烟晾制进程可分为凋萎期、变黄期、褐变期(定色期)和干筋期 4 个时期。将长势一致的白肋烟置于宾川和云龙两地晾制，表 4-15 表明，宾川晾房烟叶整个晾制过程为 46d，而云龙晾房烟叶晾制持续 55d，其中烟叶的凋萎期、变黄期、褐变期和干筋期分别比宾川晾制的烟叶多 1d、2d、3d 和 3d。四个时期云龙晾房的平均湿度均高于宾川晾房，而相应的温度差异较小，两地平均湿度差异是造成烟叶晾制进程不同的主要因素。

表 4-15　晾制期间不同时期两地的温度和湿度差异

比较项	凋萎期			变黄期			褐变期			干筋期		
	持续时间/d	平均温度/℃	平均湿度/%	持续时间/d	平均温度/℃	平均湿度/%	持续时间/d	平均温度/℃	平均湿度/%	持续时间/d	平均温度/℃	平均湿度/%
宾川	6	22.21	75.46	10	23.47	71.17	11	24.10	70.18	19	24.06	65.95
云龙	7	22.42	85.95	12	24.21	75.90	14	23.40	83.41	22	23.25	79.83
云龙比宾川高	1	0.21	10.49	2	0.74	4.73	3	-0.70	13.23	3	-0.81	13.88

2. 不同晾制地点烟叶中性香气物质含量的差异

对两地晾制的白肋烟中性香气物质进行鉴定,定量测定出对烟气香味品质影响较大的中性香气物质(表 4-16)。两地晾制的烟叶中性香气物质含量存在明显的差异,在湿度大的云龙晾制出的烟叶中的叶绿素降解产物、类胡萝卜素类降解产物、类西柏烷类降解产物、棕色化反应产物、芳香族氨基酸类降解产物含量均比在湿度偏低的宾川晾制的烟叶高。云龙湿度大,在烟叶晾制期间失水速度缓慢,香气前体物降解充分,有利于中性香气物质的形成和积累。

表 4-16　不同晾制地点的上部叶和中部叶中性香气物质含量　　(单位:μg/g)

分类	中性香气物质	上部叶		中部叶	
		宾川	云龙	宾川	云龙
叶绿素降解产物	新植二烯	691.983	1005.000	649.988	995.339
类胡萝卜素类降解产物	巨豆三烯酮	34.390	49.938	28.945	41.014
	β-大马酮	15.370	19.639	13.255	19.546
	法尼基丙酮	12.407	17.395	11.597	16.469
	3-羟基-β-二氢大马酮	5.880	7.275	5.127	7.222
	香叶基丙酮	3.715	4.861	1.989	2.165
	二氢猕猴桃内酯	1.394	1.947	0.699	1.438
	β-紫罗兰酮	0.413	0.595	0.504	0.707
	氧代异佛尔酮	—	—	—	0.191
	β-二氢大马酮	1.714	2.578	1.948	3.066
	螺岩兰草酮	0.997	1.475	1.208	1.963
	芳樟醇	1.038	1.215	1.754	2.066
	6-甲基-5-庚烯-2-醇	0.581	0.672	0.675	0.621
	6-甲基-5-庚烯-2-酮	0.620	0.789	0.664	0.845
	小计	78.519	108.379	68.365	97.313
类西柏烷类降解产物	茄酮	57.611	90.398	52.654	80.362
棕色化反应产物	糠醛	9.778	17.959	20.205	28.859
	糠醇	2.465	3.433	2.934	3.696
	2-乙酰基呋喃	0.144	0.235	—	0.229
	5-甲基糠醛	1.476	1.971	1.296	1.562
	2-乙酰基吡咯	0.135	0.277	0.210	0.246
	小计	13.998	23.875	24.645	34.592
芳香族氨基酸类降解产物	苯甲醛	1.954	2.525	2.336	3.452
	苯甲醇	8.908	11.139	4.115	7.158
	苯乙醛	26.668	39.310	24.526	43.597
	苯乙醇	14.949	20.782	12.620	17.204
	小计	52.479	73.756	43.597	71.411

注:"—"表示痕量,计为0。

3. 不同晾制白肋烟晾制后烟叶感官评吸质量

将不同晾制环境中晾制的烟叶卷制单料烟进行感官评吸，分别按香气量、香气质、浓度、劲头、刺激性、杂气、余味及燃烧性进行打分，所得结果如表 4-17 所示。结果表明，在云龙晾制的中部叶和上部叶的香气量、香气质、浓度、刺激性、余味和燃烧性的得分都比较高，表明在云龙晾制的烟叶香气量多，香气质纯净，香气浓度大，杂气少，余味干净。在云龙晾制的中部叶的综合得分比在宾川晾制的中部叶的综合得分高 1.8 分，在云龙晾制的上部叶的综合得分比在宾川晾制的上部叶的综合得分高 1.9 分，表明在湿度较大的云龙晾制烟叶有利于烟叶感官评吸的提高，主要表现为香气量充足，香气质好。

表 4-17　不同的晾制环境调制后单料烟感官评吸比较　　　　　　（单位：分）

晾制地点	部位	香气量(10)	香气质(10)	浓度(10)	劲头(10)	刺激性(10)	杂气(10)	余味(10)	燃烧性(5)	总分(75)
宾川	上部	6.9	6.0	6.5	6.0	5.2	6.0	6.0	4.0	46.6
云龙		7.5	6.3	6.6	6.0	5.6	6.0	6.2	4.3	48.5
宾川	中部	6.5	6.0	6.3	6.5	5.8	6.0	6.0	4.5	47.6
云龙		7.0	6.3	6.3	6.5	6.0	6.2	6.5	4.6	49.4

白肋烟晾制是在晾房内进行的缓慢失水和物质转化的过程，在烟叶晾制过程中，烟叶大分子的香气前体物逐渐降解形成挥发性香气物质。烟叶晾制进程和烟叶中进行的物理和生化转化过程受自然条件的强烈影响，国际上著名的优质白肋烟产区一般都表现为在烟叶晾制期间，空气湿度相对较大，烟叶晾制时间较长，以保证烟叶大分子物质的充分降解和转化，形成和积累较多的香气物质，提高烟叶的质量水平。本试验将同一产区生产的烟叶在生态环境迥异的两种温度、湿度条件下晾制，其烟叶外观、香气物质含量、质体色素残留都产生了显著的差异，在湿度较大的云龙晾制的烟叶表现为颜色较深，疏松度提高，油分增加，中性香气物质含量大幅度提高，感官评吸质量明显改善，这与其晾制过程各阶段湿度较高、持续时间较长、香气前体物等大分子物质降解转化较为充分有直接关系。

本试验的研究结果表明，在湿度大的云龙晾制烟叶的叶绿素、类胡萝卜素类、类西柏烷类等化合物降解和转化彻底，产生的香气物质多，烟叶香气含量增加，烟叶的品质得以提高。褐变期的湿度大小是影响香气物质转化的重要因素，在这一时期，烟叶内进行着强烈的物质降解与转化，是烟叶香气物质形成的关键时期。

湿度是烟叶晾制过程中的重要生态因子，宾川空气湿度偏低，在白肋烟晾制过程中需要特别注意保湿，以促进烟叶内的香气前体物充分降解，增加烟叶内中性香气物质的积累。

4.4.2　物理保湿技术对云南大理白肋烟香味品质的影响

云南大理白肋烟产区湿度偏低，不利于烟叶晾制过程中物质的充分转化，是限制白肋烟品质提升的重要因素。本试验鉴于云南大理高温低湿的气象条件，探索白肋烟的调制环节物理保湿对烟叶调制、烟叶中性香气物质含量及外观质量的影响，以期优化白肋烟调制方法，增加烟叶中香气物质含量，为白肋烟的科学调制和提高综合品质提供可靠、科学的理论依据(周海燕等，2013c)。

试验于 2011 年在云南大理宾川县力角镇中营村进行，供试土壤为砂壤土，供试品种为当地主栽品种 TN86，半整株采收晾制。采用 3 种不同的物理保湿方法：标准化晾房+遮阳网，标准化晾房+黑膜，标准化晾房+麻片，以标准化晾房+不维护作为对照。晾制结束后取样，取上部叶(20，21，22 叶位)用于化学成分测定。

结果表明(表 4-18)，物理保湿的晾房温度与对照差异不明显。在烟叶调制的前期，烟株处于凋萎期，烟株散失水分，对照晾房由于不采取维护，空气流速快，水分容易散失。在整个烟叶调制期间，物理保湿的晾房湿度均高于对照。

表 4-18　物理保湿对晾房温度、湿度的影响

项目	处理	晾制时间			
		7d	14d	21d	28d
温度/℃	遮阳网	22.90	22.12	23.59	24.01
	黑膜	22.90	22.26	23.72	24.13
	麻片	22.97	22.32	23.74	24.03
	对照	22.99	22.68	24.25	23.34
湿度/%	遮阳网	74.70	71.52	73.77	70.27
	黑膜	76.13	71.08	73.51	70.23
	麻片	74.75	70.74	73.21	70.25
	对照	73.92	70.64	72.99	69.49

烟叶调制过程是香气前体物降解、香气形成的主要时期。物理保湿措施直接影响烟叶失水进程和内部生理生化变化，对香气前体物降解和香气物质形成有重要影响。结果表明(表 4-19)，调制后烟叶类胡萝卜素类降解产物、棕色化反应产物、叶绿素降解产物新植二烯、中性香气物质总量均为遮阳网＞黑膜＞麻片＞对照。

表 4-19　物理保湿对白肋烟上部叶各类中性香气物质的影响　　　　(单位：μg/g)

降解产物分类	中性香气物质	遮阳网	黑膜	麻片	对照
棕色化反应产物	糠醛	24.876	17.339	12.442	6.430
	糠醇	8.273	4.280	4.025	0.649
	2-乙酰基呋喃	0.316	0.264	0.267	0.140
	5-甲基糠醛	2.924	3.039	4.008	0.987
	2-乙酰基吡咯	0.253	0.086	0.128	0.090
	总量	36.642	25.008	20.870	8.296
芳香族氨基酸类降解产物	苯甲醛	4.680	3.222	2.873	0.619
	苯甲醇	7.875	7.934	11.875	2.995

续表

降解产物分类	中性香气物质	遮阳网	黑膜	麻片	对照
芳香族氨基酸类 降解产物	苯乙醛	28.701	28.734	33.973	26.277
	苯乙醇	16.502	12.876	15.878	4.969
	总量	57.758	52.766	64.599	34.860
类胡萝卜素类 降解产物	巨豆三烯酮	58.423	46.322	45.117	43.660
	β-大马酮	24.070	20.989	16.832	13.158
	法尼基丙酮	24.280	32.965	24.901	17.688
	3-羟基-β-二氢大马酮	10.727	12.337	10.417	5.889
	香叶基丙酮	3.981	5 4657	3.476	3.649
	二氢猕猴桃内酯	2.632	1.831	1.582	0.645
	β-紫罗兰酮	0.445	0.942	0.988	0.504
	氧代异佛尔酮	0.068	—	—	—
	β-二氢大马酮	3.502	2.627	1.694	1.085
	螺岩兰草酮	1.680	1.750	1.099	0.829
	芳樟醇	1.762	1.624	1.284	0.824
	6-甲基-5-庚烯-2-醇	0.596	1.409	0.757	0.537
	6-甲基-5-庚烯-2-酮	0.836	0.734	0.794	0.415
	总量	133.002	123.530	108.941	88.883
类西柏烷类 降解产物	茄酮	154.534	75.731	51.533	55.749
叶绿素降 解产物	新植二烯	1392.000	1368.000	1064.000	677.908

注："—"表示痕量，计为 0。

　　白肋烟的调制方法为自然晾制，晾制过程和效果受环境条件的强烈影响。在云南大理特定生态条件下，本试验研究了采用物理方法对通风性较强且缺乏保湿功能的传统晾房进行保湿的效果，以提高烟叶香气物质含量。空气湿度与植物内部自由水的含量是密切相关的。物理保湿能有效提高晾房内的湿度，并减缓烟叶的水分散失，促进类胡萝卜素类等香气前体物的降解和中性香气物质的产生和积累。

　　综上所述，物理保湿能有效增加云南大理白肋烟的香气物质，遮阳网和黑膜处理对提高白肋烟香气物质含量效果最佳，且遮阳网和黑膜投入成本较低，操作简便，适宜在云南大理推广应用。

4.5　晾房对烟叶中性香气物质含量及香味品质的影响

　　晾制是白肋烟生产的重要环节，晾制方法、晾制环境对烟叶内部物质的转化和烟叶质量的形成有重要影响。晾制设备落后、晾房设计不合理、缺乏对晾制环境条件的有效调节是我国白肋烟在生产中的突出问题。四川达州白肋烟晾制期间湿度相对较大，有利于延长晾制时间,促进香气物质的形成和转化,但也存在排湿不畅,烟叶霉烂问题,因此建造具有灵活保湿和排湿功能的晾房十分重要。

本研究结合四川白肋烟产区的实际条件,设计了 6 种不同形式的晾房,以主栽品种达白 1 号为材料,对晾制后白肋烟中性香气物质含量和感官评吸进行了系统分析,旨在深入认识不同晾房对白肋烟香气物质转化和形成的影响,为合理选择晾房和采用科学管理措施提高烟叶香味品质提供理论依据。

试验在四川省达州市烟草科学研究所进行。共设计和建造 6 种晾房进行比较,分别为竹笆涂泥晾房(砖柱、扣瓦盖顶,两侧用竹笆涂泥封闭,排湿窗用层板)、全板晾房(砖柱、扣瓦盖顶,四周及排湿窗用层板封闭)、小青瓦(砖瓦结构,排湿窗用层板遮挡)、黑膜夹草晾房(木架结构,棚顶用黑膜封闭,侧面用草帘封闭,排湿窗用层板)、全黑膜晾房(木架结构,四周搭盖黑膜)、黑膜推杆晾房(圆木作支架,黑膜遮盖)。采用半整株采收晾制,将生长和成熟一致的烟株分别在上述 6 种晾房晾制进行比较。按照规范化晾制技术进行晾房温度、湿度管理。调制结束后分上部叶和中部叶两个部位取样,每个样品的烟样分成两部分:一部分烘干后磨碎,用于中性香气物质含量测定;另一部分用于切丝和卷制单料烟。

4.5.1 晾房对白肋烟晾制后烟叶中性香气物质含量的影响

分析结果表明,中部叶和上部叶中性香气物质含量均以竹笆涂泥晾房的烟叶最高,其次为黑膜夹草晾房,小青瓦晾房最低;不同晾房中部叶中性香气物质含量的排序为竹笆涂泥>黑膜夹草>全黑膜>黑膜推杆>全板>小青瓦,上部叶中性香气物质含量的排序为竹笆涂泥>黑膜夹草>黑膜推杆>全板>全黑膜>小青瓦。比较不同部位烟叶中性香气物质含量可知,中部叶中性香气物质含量均高于上部叶(表 4-20 和表 4-21)。

表 4-20 晾房对白肋烟中部叶中性香气物质含量的影响   (单位:μg/g)

中性香气物质	晾房					
	全黑膜	小青瓦	竹笆涂泥	黑膜夹草	黑膜推杆	全板
糠醛	21.495	15.553	20.845	17.539	23.788	20.629
糠醇	2.359	1.724	2.206	2.671	4.187	5.925
2-乙酰基呋喃	0.091	0.117	0.159	0.113	0.113	0.129
5-甲基糠醛	2.278	1.625	2.301	0.821	1.772	1.540
苯甲醛	0.979	0.175	1.244	0.740	0.999	1.593
6-甲基-5-庚烯-2-酮	0.419	0.820	0.531	0.372	0.612	0.807
6-甲基-5-庚烯-2-醇	0.115	0.109	0.366	0.104	0.184	0.123
3,4-二甲基-2,5-呋喃二酮	0.333	0.578	0.302	0.202	0.958	0.439
苯甲醇	17.054	13.026	16.611	15.746	17.494	8.289
苯乙醛	11.752	17.001	14.111	11.054	17.280	14.460
芳樟醇	1.176	0.849	1.083	1.329	1.190	1.260
苯乙醇	12.942	7.309	9.121	8.067	14.972	10.429
氧代异佛尔酮	0.394	0.422	0.494	0.423	0.482	0.434

续表

中性香气物质	晾房					
	全黑膜	小青瓦	竹笆涂泥	黑膜夹草	黑膜推杆	全板
吲哚	9.707	5.271	11.464	9.280	10.485	6.938
茄酮	383.320	500.39	538.883	507.485	257.756	395.319
β-大马酮	43.781	45.833	57.685	43.491	40.260	40.949
香叶基丙酮	4.437	6.238	7.220	5.128	7.875	5.063
二氢猕猴桃内酯	4.200	4.480	5.803	3.856	5.410	2.847
巨豆三烯酮 1	4.092	5.211	6.387	5.070	5.346	3.513
巨豆三烯酮 2	30.579	27.296	38.065	28.932	39.801	24.123
3-羟基-β-二氢大马酮	10.509	8.740	13.185	10.508	12.974	6.632
巨豆三烯酮 4	27.938	21.930	32.979	28.186	30.651	18.406
3-氧代-α-紫罗兰醇	1.381	1.217	1.865	1.284	1.728	0.702
螺岩兰草酮	13.948	16.190	16.621	16.124	8.872	7.224
新植二烯	2476.000	1556.000	2718.000	2784.000	2567.000	1846.000
法尼基丙酮	21.535	25.198	25.393	23.173	22.574	11.256
总计	3102.814	2283.302	3542.924	3525.698	3094.763	2435.029

表 4-21　晾房对白肋烟上部叶中性香气物质含量的影响　　（单位：μg/g）

中性香气物质	晾房					
	全黑膜	小青瓦	竹笆涂泥	黑膜夹草	黑膜推杆	全板
糠醛	13.876	22.775	25.987	24.899	21.526	23.545
糠醇	1.168	1.263	2.649	1.053	1.192	2.939
2-乙酰基呋喃	0.051	0.253	0.340	0.111	0.105	0.147
5-甲基糠醛	0.571	3.772	4.446	3.770	3.640	3.260
苯甲醛	0.991	1.214	4.172	2.173	1.065	1.430
6-甲基-5-庚烯-2-酮	0.405	1.349	0.769	0.633	0.567	0.582
6-甲基-5-庚烯-2-醇	0.050	0.125	0.654	0.143	0.370	0.290
3,4-二甲基-2,5-呋喃二酮	0.485	1.053	1.313	0.892	0.610	0.510
苯甲醇	3.650	15.793	12.700	7.704	8.162	4.201
苯乙醛	19.278	17.657	19.255	24.417	26.977	22.416
芳樟醇	0.847	1.259	1.854	1.617	1.563	1.469
苯乙醇	22.066	15.036	29.389	21.188	27.560	16.880
氧代异佛尔酮	0.226	0.418	0.672	0.318	0.376	0.482
吲哚	4.560	8.065	9.886	9.984	7.810	8.911
茄酮	277.928	328.308	416.980	397.103	215.529	394.140
β-大马酮	27.035	32.279	48.237	33.051	32.616	41.564
香叶基丙酮	4.967	6.701	7.515	5.647	4.903	4.345
二氢猕猴桃内酯	2.575	2.975	4.374	3.950	2.406	2.977

中性香气物质	晾房					
	全黑膜	小青瓦	竹笆涂泥	黑膜夹草	黑膜推杆	全板
巨豆三烯酮 1	4.105	4.366	6.534	5.192	4.953	3.983
巨豆三烯酮 2	25.290	28.893	43.935	28.522	22.316	27.851
3-羟基-β-二氢大马酮	6.551	4.771	14.480	8.609	6.076	7.585
巨豆三烯酮 4	19.730	21.500	39.654	25.157	27.232	25.089
3-氧代-α-紫罗兰醇	0.909	0.524	1.547	1.192	1.448	0.689
螺岩兰草酮	9.314	12.144	23.716	12.718	15.009	6.703
新植二烯	1371.000	1072.000	2242.000	1681.000	1489.000	1280.000
法尼基丙酮	12.643	15.470	20.915	15.225	15.754	10.647
总计	1830.271	1619.963	2983.973	2316.268	1938.765	1892.635

4.5.2 不同晾房晾制后白肋烟感官评吸鉴定

对不同晾房晾制后中部叶样品卷制成单料烟进行感官评吸,按风格程度、香气质、香气量、劲头、浓度、余味、杂气七项分别打分,所得结果见表4-22。结果表明,竹笆涂泥晾房晾制烟叶的风格程度、香气质和香气量等各项得分均较高,特别是香气质和香气量较其他晾房表现突出,总评分最高,表明竹笆涂泥晾房晾制烟叶有利于提高烟叶的香气质量。黑膜夹草晾房晾制的综合得分仅次于竹笆涂泥晾房,也具有较好的增质效果。小青瓦晾制的综合得分最低,主要表现为香气质较差、香气量缺乏、有杂气。

表 4-22 不同晾房晾制后白肋烟中部叶感官评吸得分 （单位：分）

晾房	风格程度(10)	香气质(10)	香气量(10)	劲头(10)	浓度(10)	余味(10)	杂气(10)	总分(70)
全黑膜	7.2	7.0	7.0	7.0	6.0	6.5	6.2	46.9
小青瓦	7.5	6.5	6.8	6.5	6.1	6.0	6.0	45.4
竹笆涂泥	7.5	7.5	7.5	7.0	6.2	6.5	6.5	48.7
黑膜夹草	7.5	7.3	7.5	7.0	6.1	6.5	6.2	48.1
黑膜推杆	7.0	7.0	7.0	6.8	6.0	6.0	6.2	46.0
全板	7.5	6.6	6.8	7.0	6.0	6.0	6.0	45.9

白肋烟晾制是一个缓慢的物质转化过程,在烟叶晾制过程中,烟叶大分子的香气前体物逐渐降解形成挥发性香气物质。不同的晾房由于设计、取材等不同,其通风排湿和人为调节性能有显著差异,进而对香气物质的形成和转化产生不同的影响。小青瓦晾房和全板晾房封闭较严,墙壁通透性差,排湿窗面积较小,排湿不畅,空气湿度较大,虽然烟叶晾制时间长,但容易造成叶片霉烂;竹笆涂泥晾房和黑膜夹草晾房的墙壁具有空隙,通气性较好,且具有大面积排湿窗,有利于对湿度进行有效调节;黑膜推杆晾房和全黑膜晾房密闭性较差,通风量大,白天湿度低,烟叶调制较快。综合来看,竹笆涂泥晾房和黑膜夹草晾房不仅晾制效果好,且建造成本低,可以就地取材,具有较高的推广价值。

第5章　生物碱组成及遗传改良

生物碱是一类存在于生物(主要是植物)体内、对人和动物有强烈生理作用的含有氮杂环的碱性物质。生物碱的分子结构多数属于仲胺、叔胺或季铵类,少数为伯胺类。较高的生物碱含量是烟属植物的共同特征,生物碱主要包括烟碱、降烟碱、新烟草碱和假木贼碱等,生物碱在烟草及其制品中有特殊的地位,特别是烟碱,作为重要的生理活性成分,是烟草中最重要的生物碱,它的存在赋予烟草及其制品以独特的魅力(史宏志等,2004)。

烟草属具有栽培利用价值的红花烟草和黄花烟草均以烟碱为主要的生物碱积累形态。在正常情况下,烟草中烟碱占生物碱的比例一般在92%以上,降烟碱的比例不超过3.0%,在栽培品种的烟株群体中,一些植株会因为基因突变形成烟碱去甲基酶,烟碱在此酶的作用下脱去甲基,形成降烟碱,导致降烟碱含量显著升高,烟碱显著降低。烟碱在去甲基酶作用下脱去甲基形成降烟碱的过程即为烟碱转化。具有烟碱转化酶活性和烟碱转化能力的烟株称为转化株。降烟碱是仲胺类生物碱,与叔胺类的烟碱相比具有较大的不稳定性,其很容易发生氧化、酰化和亚硝化反应,生成麦斯明、酰基降烟碱和亚硝基降烟碱,这些物质的形成对烟叶的香吃味和安全性有不利影响。烟碱向降烟碱转化是导致烟草特有亚硝胺(tobacco specific N-nitrosamines,TSNAs)含量增高的主要因素之一。TSNAs主要包括以下四种:N′-亚硝基降烟碱(NNN)、N-亚硝基新烟草碱(NAT)、4-(N-甲基亚硝胺基)-1-(3-吡啶基)-1-丁酮(NNK)和N-亚硝基假木贼碱(NAB)。NNN、NAB和NAT分别是由仲胺类降烟碱、假木贼碱和新烟草碱发生亚硝化反应生成,NNK则是叔胺类烟碱的氧化产物假氧环烟碱进一步发生亚硝化反应的产物。烟叶减害是目前国际烟草界的共识和主攻方向,而降低烟叶中烟草特有亚硝胺含量一直是研究的热点。各国烟草科研人员围绕不同品种烟碱转化株的比例和烟碱转化率的分布、烟碱转化发生的时期和影响因素、烟碱转化的生化过程、遗传规律和分子调控、烟碱转化株的早期诱导鉴别、烟碱转化性状的遗传改良等方面积极开展研究,试图通过降低烟碱转化有效降低烟草特有亚硝胺的形成和积累,为烟草减害提供一条新的、有效的途径(史宏志,2013)。

5.1　不同产区和品种白肋烟烟碱转化率及株间分布

在栽培烟草群体中出现的转化株由于发生返祖突变具有烟碱去甲基酶活性,烟碱可以进一步代谢转化,通过脱去甲基形成降烟碱,造成烟碱含量显著降低,降烟碱含量相应增加,降烟碱占总碱的比例以及降烟碱占烟碱和降烟碱之和的比例增高。这里把降烟碱占烟碱和降烟碱之和的百分比称为烟碱转化率。白肋烟烟碱转化问题十分突出。20世纪80年代,白肋烟烟碱转化问题开始引起人们重视,90年代后期以来其成为研究热点。白肋烟烟碱转化性状稳定性差,突变率高,烟株群体中存在大量具有烟碱转化能力的植株，再加上白肋烟晾制后烟叶呈棕色，在外观上无法鉴别转化株，人工选择的效果不佳，致使转化株在群体内积累，烟叶整体降烟碱水平增高。笔者于 2000 年开始围绕白肋烟的烟碱转化问题开展了大量研究(史宏志和张建勋，2004)。

5.1.1 我国白肋烟混合样品生物碱组成和烟碱转化率

我国是白肋烟的重要产区，主要集中在湖北恩施、四川达州、重庆万州和云南大理等地。进入 21 世纪以来，笔者先后对我国不同产区白肋烟进行了生物碱组成和含量的分析。由于不同地区品种、生态、栽培和调制技术等不同，生物碱含量和组成比例差异很大，而且随着品种的更新，同一个产区白肋烟的生物碱组成和含量，特别是烟碱转化率在不同时期表现出很大差异。

笔者于 2000 年采集了湖北恩施和四川达州等产区不同等级的白肋烟样品，对烟叶的生物碱组成和含量进行了首次测定(表 5-1)，结果表明，湖北恩施和四川达州白肋烟烟叶的总碱含量为 2.691%～6.278%，其中烟碱为 2.121%～5.870%，降烟碱为 0.104%～0.790%，平均值分别为 3.772% 和 0.301%，烟碱转化率为 3.11%～19.87%。说明不同产区白肋烟在烟碱转化方面存在较大的变异性，各地均有一些样品降烟碱含量和烟碱转化率水平较高，我国白肋烟普遍存在烟碱向降烟碱转化问题，而且问题十分严重(史宏志等，2001)。

表 5-1   我国白肋烟烟叶的生物碱含量及烟碱转化率   (%)

产区	级别	烟碱	降烟碱	假木贼碱	新烟草碱	总碱	烟碱转化率
湖北恩施建始	上三	4.891	0.170	0.032	0.164	5.257	3.36
湖北恩施建始	中一	5.870	0.190	0.041	0.177	6.278	3.14
湖北恩施建始	上一	4.101	0.790	0.035	0.156	5.082	16.15
湖北恩施建始	中二	3.474	0.119	0.024	0.124	3.741	3.31
湖北恩施建始	中三	3.162	0.277	0.023	0.096	3.558	8.05
四川达州宣汉	上二	4.199	0.268	0.022	0.068	4.557	6.00
四川达州宣汉	中三	2.121	0.526	0.011	0.033	2.691	19.87
四川达州宣汉	上一	3.437	0.153	0.014	0.025	3.629	4.26
四川达州宣汉	中一	3.243	0.104	0.025	0.040	3.412	3.11

2007 年在"四川优质白肋烟生产理论与技术研究应用"项目启动之时，笔者对由安徽中烟工业有限责任公司芜湖卷烟厂提供的湖北恩施、四川达州、重庆万州、云南大理同等级中部叶样品及美国同等级白肋烟样品进行了生物碱组成和含量分析，发现我国不同产区白肋烟烟碱和降烟碱含量差别极大(表 5-2)。湖北恩施和云南大理白肋烟烟碱含量高于美国白肋烟烟叶，而四川达州和重庆万州白肋烟烟碱含量却显著低于美国烟叶，特别是四川达州白肋烟烟碱含量仅有 22.18mg/g。四川达州白肋烟降烟碱含量高达 36.81mg/g，是美国白肋烟降烟碱含量的 25.6 倍。重庆万州和湖北恩施白肋烟降烟碱含量也远高于美国烟叶，云南大理白肋烟降烟碱含量与美国烟叶没有显著差异(史宏志等，2007b)。

表 5-2　不同产区白肋烟的生物碱含量及烟碱转化率

产区	烟碱 /(mg/g)	降烟碱 /(mg/g)	假木贼碱 /(mg/g)	新烟草碱 /(mg/g)	烟碱+降烟碱 /(mg/g)	烟碱转化率 /%
四川达州	22.18	36.81	0.17	1.38	58.99	62.40
重庆万州	31.94	8.53	0.22	1.03	40.47	21.08
湖北恩施	51.85	5.82	0.43	1.26	57.67	10.09
云南大理	49.99	1.60	0.23	1.36	51.59	3.10
美国	42.66	1.44	0.19	1.11	44.10	3.27

　　我国不同白肋烟产区品种和生产技术不断发生实质性的变化，特别是四川达州在"四川优质白肋烟生产理论与技术研究应用"项目的推动下，淘汰了品质较差的宣汉-5 等地方劣杂品种，大面积推广性状良好的达白 1 号、达白 2 号等品种，烟叶的生物碱组成和含量因此发生了很大变化。2012 年笔者采集了我国 4 个白肋烟产区不同样点及美国和马拉维白肋烟烟叶样品，对其生物碱含量进行了分析测定，结果表明，不同产区白肋烟生物碱含量发生了变化(表 5-3)。重庆万州、湖北恩施和四川达州产区白肋烟的总碱含量较高，且差异不显著，云南大理白肋烟总碱含量最低，且与马拉维白肋烟较为接近，美国白肋烟总碱含量低于重庆万州、湖北恩施和四川达州烟叶，但高于云南大理和马拉维烟叶(史宏志等，2012)。

表 5-3　不同产区白肋烟晾制后烟叶生物碱含量及烟碱转化率比较　　　　　　(%)

产区	烟碱	降烟碱	假木贼碱	新烟草碱	总碱	烟碱转化率
重庆万州	5.17	0.78	0.04	0.22	6.21	13.11
云南大理	3.44	0.14	0.03	0.13	3.74	3.91
湖北恩施	5.26	0.61	0.05	0.20	6.12	10.39
四川达州	5.55	0.12	0.04	0.16	5.87	2.12
美国	4.35	0.15	0.04	0.15	4.69	3.33
马拉维	3.76	0.11	0.02	0.08	3.97	2.84

5.1.2　各白肋烟产区不同品种烟碱转化率分析

　　对不同产区白肋烟不同品种和取样点烟叶的生物碱组成和含量进行分析，发现品种是影响生物碱含量和烟碱转化率的主要因素，但同一品种在不同地区种植，由于种子来源不同，品种改良和纯化程度不同，烟碱转化率也会有显著差异，未对烟碱转化性状进行改良的种子烟碱转化率可能很高，但如果所种植的品种是经过改良的低转化品种或杂交种，其烟碱转化株就比较少，烟叶的平均烟碱转化率就较低(赵晓丹，2012)。

1. 湖北恩施白肋烟生物碱组成及烟碱转化率分析

　　湖北恩施(B2F)烟叶，烟碱含量为 4.436%～5.763%(表 5-4)；总碱含量为 4.809%～

6.348%。巴东地区的两个样品烟碱转化率分别为 25.075%和 2.975%，这可能与取样点有关。

　　湖北恩施(C3F)烟叶，烟碱含量为 3.985%~4.391%，总碱含量为 4.236%~4.812%。巴东地区的两个样品烟碱转化率分别为 7.808%和 2.165%，这可能与品种改良有关，选取的样品一个为未改良的鄂烟 1 号，一个为改良过的鄂烟 1 号。

表 5-4　湖北恩施白肋烟生物碱含量及烟碱转化率　　　　　　　　　　　(%)

等级	取样点	品种	烟碱	降烟碱	假木贼碱	新烟草碱	总碱	烟碱转化率
B2F	巴东 1	鄂烟 1 号	4.488	1.502	0.058	0.300	6.348	25.075
	巴东 2		4.436	0.136	0.069	0.168	4.809	2.975
	建始 1		5.763	0.171	0.054	0.261	6.249	2.882
	建始 2		4.977	0.198	0.037	0.140	5.352	3.826
C3F	巴东 1	鄂烟 1 号	4.062	0.344	0.048	0.206	4.660	7.808
	巴东 2		4.113	0.091	0.016	0.045	4.265	2.165
	建始 1		4.391	0.106	0.048	0.267	4.812	2.357
	建始 2		3.985	0.172	0.017	0.062	4.236	4.138

2. 四川达州白肋烟生物碱组成及烟碱转化率分析

　　四川达州(B2F)烟叶，烟碱含量为 2.922%~6.765%，总碱含量为 4.163%~7.157%(表 5-5)。供试 10 个取样点的样品中，天宝取样点的品种为鄂烟 1 号，烟碱转化率高达 26.175%，烟碱转化问题很突出，这与鄂烟 1 号品种未改良有直接的关系。其他各取样点种植品种均为达白系列，烟碱转化率均在 3%以下，均为非转化株，烟碱转化问题很小。

　　四川达州(C3F)烟叶，烟碱含量为 2.480%~5.870%，总碱含量为 3.549%~6.179%。供试 10 个取样点的样品中，天宝取样点的品种为鄂烟 1 号，烟碱转化率高达 26.409%。其他各取样点种植品种为改良过的达白 1 号和达白 2 号，烟碱转化率均在 3%以下。

表 5-5　四川达州白肋烟生物碱含量及烟碱转化率　　　　　　　　　　　(%)

等级	取样点	品种	烟碱	降烟碱	假木贼碱	新烟草碱	总碱	烟碱转化率
B2F	天宝	鄂烟 1 号	2.922	1.036	0.043	0.162	4.163	26.175
	桃花坪	达白 1 号	5.814	0.132	0.056	0.228	6.230	2.220
	乘龙		4.676	0.093	0.027	0.165	4.961	1.950
	武胜		5.595	0.127	0.047	0.161	5.930	2.220
	龙井		6.034	0.113	0.051	0.197	6.395	1.838
	野鸭		6.758	0.132	0.011	0.163	7.064	1.916
	凤凰		6.137	0.129	0.049	0.182	6.497	2.059
	高寺	达白 2 号	5.840	0.107	0.050	0.169	6.166	1.799
	玄祖		6.146	0.075	0.009	0.136	6.366	1.206
	茶子		6.765	0.151	0.050	0.191	7.157	2.183
C3F	天宝	鄂烟 1 号	2.480	0.890	0.038	0.141	3.549	26.409
	桃花坪	达白 1 号	5.178	0.100	0.049	0.124	5.451	1.895

续表

等级	取样点	品种	烟碱	降烟碱	假木贼碱	新烟草碱	总碱	烟碱转化率
C3F	乘龙		4.608	0.090	0.045	0.160	4.903	1.916
	武胜		4.883	0.079	0.042	0.135	5.139	1.592
	龙井	达白1号	5.725	0.164	0.052	0.209	6.150	2.785
	野鸭		5.568	0.084	0.034	0.087	5.773	1.486
	凤凰		5.375	0.090	0.048	0.163	5.676	1.647
	高寺		4.239	0.100	0.045	0.161	4.545	2.305
	玄祖	达白2号	5.870	0.119	0.043	0.147	6.179	1.987
	茶子		4.175	0.089	0.039	0.129	4.432	2.087

3. 重庆万州白肋烟生物碱组成及烟碱转化率分析

重庆万州(B2F)烟叶,烟碱含量为 4.785%～6.033%,总碱含量为 5.308%～7.370%(表 5-6)。供试 8 个取样点的样品中有 12.50%的样品烟碱转化率小于 3%,为非转化株;有 62.50%的样品烟碱转化率在 3%～20%,为低转化株;有 25.00%的样品烟碱转化率>20%,为中转化株。说明重庆万州地区白肋烟上部叶烟碱转化问题很突出,烟碱转化率偏高。从取样点来看,响水样品烟叶的烟碱转化率均大于 10%,显著高于普子样品烟叶。

重庆万州(C3F)烟叶,烟碱含量为 3.354%～5.974%,总碱含量为 3.737%～6.542%。供试的所有样品烟碱转化率均大于 3%,有 75.00%的样品烟碱转化率在 3%～20%,为低转化株;有 25.00%的样品烟碱转化率大于 20%,为中转化株。说明重庆万州白肋烟中部叶烟碱转化问题很突出,烟碱转化率偏高。从取样点来看,响水样品的降烟碱含量和烟碱转化率均显著高于普子样品,普子样品的烟碱转化率均低于 5%。

表 5-6　重庆万州白肋烟生物碱含量及烟碱转化率　(%)

等级	取样点	品种	烟碱	降烟碱	假木贼碱	新烟草碱	总碱	烟碱转化率
B2F	响水	鄂烟5号	6.033	1.050	0.055	0.232	7.370	14.824
	响水	鄂烟6号	4.988	1.202	0.023	0.209	6.422	19.418
	响水	鄂烟3号	5.132	1.384	0.056	0.232	6.804	21.240
	响水	鄂烟1号	5.415	1.355	0.019	0.227	7.016	20.015
	普子	鄂烟5号	5.357	0.219	0.046	0.164	5.786	3.928
	普子	鄂烟6号	5.270	0.179	0.045	0.160	5.654	3.285
	普子	鄂烟3号	5.334	0.159	0.035	0.160	5.688	2.895
	普子	鄂烟1号	4.785	0.227	0.051	0.245	5.308	4.529
C3F	响水	鄂烟5号	4.221	0.621	0.045	0.166	5.053	12.825
	响水	鄂烟6号	3.422	0.958	0.040	0.179	4.599	21.872
	响水	鄂烟3号	4.272	0.422	0.045	0.172	4.911	8.990
	响水	鄂烟1号	3.354	1.162	0.042	0.162	4.720	25.731
	普子	鄂烟5号	3.390	0.110	0.046	0.191	3.737	3.143
	普子	鄂烟6号	5.974	0.240	0.059	0.269	6.542	3.862
	普子	鄂烟3号	4.125	0.207	0.049	0.210	4.591	4.778
	普子	鄂烟1号	5.592	0.232	0.050	0.220	6.094	3.984

4. 云南大理白肋烟生物碱组成及烟碱转化率分析

由表 5-7 得出，云南大理 (B2F) 烟叶，烟碱含量为 2.580%～5.255%，总碱含量为 2.723%～5.607%。供试 12 个取样点的样品中有 75.00%的样品烟碱转化率小于 3%，为非转化株；有 25.00%的样品烟碱转化率大于 3%，为低转化株，说明云南大理白肋烟上部叶存在烟碱转化问题，但烟碱转化问题较小。力角 (品种为 YNBS1) 的烟碱转化率为 11.154%，是云南大理所有样品中烟碱转化率最高的，这可能与供试品种 YNBS1 未改良有关。三个供试的品种中，TN90 烟叶的烟碱和总碱含量显著高于 YNBS1 和 TN86。

表 5-7　云南大理白肋烟生物碱含量及烟碱转化率　　　　　　　　(%)

等级	取样点	品种	烟碱	降烟碱	假木贼碱	新烟草碱	总碱	烟碱转化率
B2F	力角	YNBS1	3.003	0.377	0.004	0.107	3.491	11.154
	力角	TN86	2.811	0.147	0.036	0.118	3.112	4.970
	三宝庄		2.791	0.048	0.032	0.079	2.950	1.691
	鸡坪关		3.066	0.125	0.036	0.131	3.358	3.917
	黄坪		2.991	0.069	0.034	0.117	3.211	2.255
	炼洞		2.580	0.043	0.031	0.069	2.723	1.639
	太和		3.395	0.081	0.038	0.144	3.658	2.330
	朵美		2.879	0.079	0.036	0.106	3.100	2.671
	州城		4.028	0.120	0.040	0.173	4.361	2.893
	力角	TN90	5.051	0.127	0.040	0.139	5.357	2.453
	三宝庄		4.644	0.131	0.042	0.185	5.002	2.743
	鸡坪关		5.255	0.118	0.034	0.200	5.607	2.196
C3F	力角	YNBS1	2.434	0.073	0.039	0.148	2.694	2.912
	力角	TN86	2.582	0.095	0.040	0.169	2.886	3.549
	三宝庄		2.297	0.073	0.034	0.110	2.514	3.080
	鸡坪关		2.414	0.067	0.034	0.100	2.615	2.701
	黄坪		2.750	0.15	0.035	0.160	3.095	5.172
	炼洞		2.550	0.063	0.036	0.120	2.769	2.411
	太和		2.771	0.083	0.039	0.151	3.044	2.908
	朵美		2.685	0.103	0.038	0.126	2.952	3.694
	州城		3.432	0.074	0.037	0.141	3.684	2.111
	力角	TN90	3.222	0.076	0.034	0.098	3.430	2.304
	三宝庄		3.252	0.066	0.035	0.089	3.442	1.989
	鸡坪关		5.069	0.217	0.044	0.236	5.566	4.105

云南大理 (C3F) 烟叶，烟碱含量为 2.297%～5.069%，总碱含量为 2.514%～5.566%。供试 12 个取样点的样品中有 58.33%的样品烟碱转化率小于 3%，为非转化株；所有取样点的样品烟碱转化率均小于 10%，说明云南大理白肋烟中部叶存在烟碱转化问题，但烟碱转化问题较小。

5.1.3　烟碱转化株比例和烟碱转化率株间分布

烟碱转化是烟株基因突变或突变基因的遗传产生烟碱去甲基酶活性的结果,因此烟碱去甲基酶活性决定着烟碱转化为降烟碱的能力,即烟碱转化率的大小(李超等,2008)。同一品种不同烟株虽然具有相同的遗传背景,但烟碱转化性状表达存在差异性。由于在农艺性状方面没有差异,具有不同烟碱转化能力的烟株无法从外观上进行鉴别,需要借助气相色谱等分析仪器精确测定烟碱、降烟碱等生物碱含量,然后计算单株样品的烟碱转化率,根据烟碱转化率判断是否为转化株。

1. 湖北白肋烟单株烟碱转化率

湖北恩施白肋烟种植面积占全国白肋烟面积的 70%。21 世纪初,鄂烟 1 号是白肋烟主栽杂交种,种植面积最大,约占湖北白肋烟总种植面积的 90%;鄂烟 3 号是新培育的杂交种,开始在生产上示范推广。其他品种和杂交种种植面积较小。笔者分别在 2003 年和 2004 年对湖北 5 个白肋烟杂交种和常规品种调制后烟叶分株取样,测定其生物碱组成和含量,得到不同烟株的烟碱转化率,见图 5-1～图 5-7。

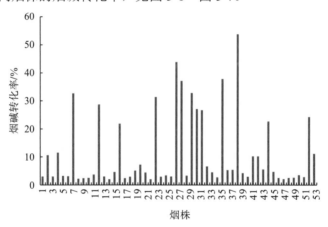

图 5-1　白肋烟鄂烟 1 号调制后烟碱转化率(2003 年,湖北)

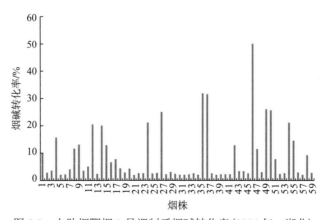

图 5-2　白肋烟鄂烟 1 号调制后烟碱转化率(2004 年,湖北)

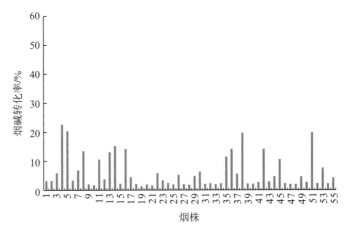

图 5-3　白肋烟鄂烟 3 号调制后烟碱转化率(2003 年，湖北)

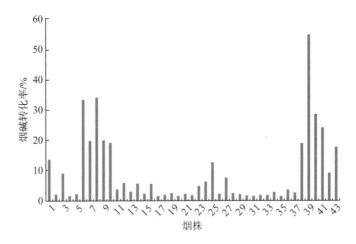

图 5-4　白肋烟鄂烟 3 号调制后烟碱转化率(2004 年，湖北)

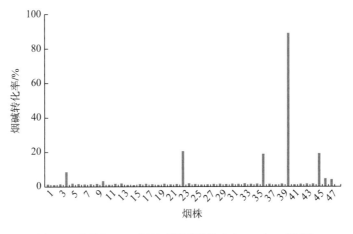

图 5-5　白肋烟 B37 调制后烟碱转化率(2004 年，湖北)

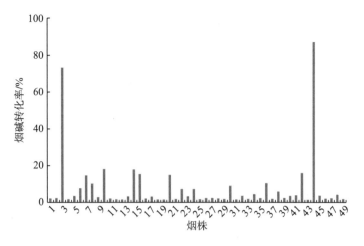

图 5-6 白肋烟恩白 4 号调制后烟碱转化率(2004 年，湖北)

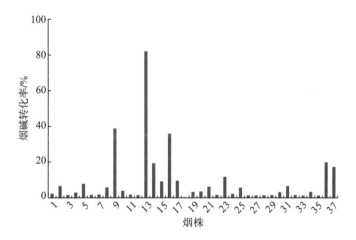

图 5-7 白肋烟 TN86 调制后烟碱转化率(2004 年，湖北)

正常的非转化型烟株烟叶降烟碱含量较低，烟碱转化率较低。由图 5-1～图 5-7 可以看出，所测定的不同基因型群体中烟碱转化株的比例存在较大的差异，鄂烟 1 号转化株的比例较高，相比之下，B37 群体中转化株较少，只有零星出现。

将不同类型和品种所测烟株的烟碱含量、降烟碱含量和烟碱转化率按品种进行平均，可得到群体的平均烟碱转化率，湖北白肋烟不同基因型群体的烟碱转化率为 4.74%～10.00%。

2. 四川白肋烟单株烟碱转化率

四川达州是我国白肋烟的重要产区，生产历史悠久。该区光、热、水资源丰富，白肋烟晾制期间湿度较大，烟叶晾制时间长，大分子香气前体物降解充分，有利于香气物质的形成和积累，具有生产优质白肋烟的潜力。21 世纪初，工业企业普遍反映烟叶质量有所下降，主要表现为风格程度降低，香气量减少。为了深入认识白肋烟质量缺陷，笔者结合"四川优质白肋烟生产理论与技术研究应用"项目的开展，对四川白肋烟现有品种的生物碱含量进行了系统分析测定，旨在明确不同品种生物碱组成的合理性和进行品种更新与改良的必要性，为恢复和发展四川白肋烟生产，打造国内优质白肋烟生产基地提供理论和技术支撑。试验材料取自 2007 年四川省达州市白肋烟主要产区，品种为宣汉-5 和达白 1 号。

1) 宣汉-5 转化株的分布

宣汉-5 是当地系统选育的常规品种，在 2006 年以前是生产上的主栽品种。由于多年种植出现一些变异类型，该品种主要有窄叶型和宽叶型两种类型，以窄叶型为主。对单株生物碱组成和含量的测定结果表明，几乎所有窄叶型宣汉-5 单株的烟碱转化率超过 3%的转化株标准(图 5-8)，转化株比例达到 96.0%，平均烟碱转化率达 34.8%。图 5-9 为宣汉-5(宽叶型)不同烟株调制后烟叶烟碱转化率分布。

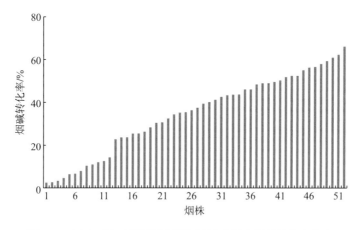

图 5-8　宣汉-5(窄叶型)不同烟株调制后烟叶烟碱转化率分布

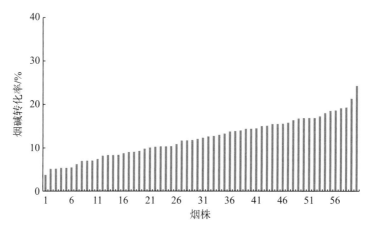

图 5-9　宣汉-5(宽叶型)不同烟株调制后烟叶烟碱转化率分布

2) 达白 1 号转化株的分布

达白 1 号是四川省烟草公司达州烟草科学研究所育成的杂交种，母本是以 MS104gr 为雄性不育来源转育成的 MSKY14，父本为达所 26。该品种为少叶型，具有优良的农艺性状和质量潜力。分别对达县、万源、宣汉的达白 1 号调制后烟叶进行单株取样，测定生物碱含量。结果表明，达县和万源的达白 1 号转化株比例和转化程度较低，图 5-10 为达白 1 号(达县)不同烟株调制后烟叶烟碱转化率分布。达县和万源烟碱转化株率均为 18.0%，其转化株绝大多数为低转化株，两地烟叶的平均烟碱转化率分别为 3.1% 和 3.5%。

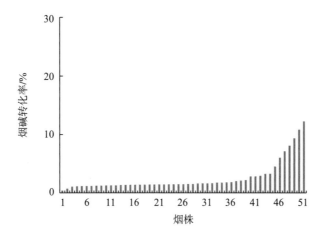

图 5-10　达白 1 号(达县)不同烟株调制后烟叶烟碱转化率分布

另一地点(宣汉)的达白 1 号表现有所不同(图 5-11)，群体中出现比较多的转化株，而且转化程度也较高，转化株比例达 52.0%，其中低转化株比例为 28.0%，高转化株比例为 24.0%，烟叶平均烟碱转化率为 14.3%。表明不同品种在地区间烟碱转化性状存在显著差异。这种地域间的差异可能与种子来源有关，不同地区生态条件的差异也会对烟碱转化性状的表达程度造成一定影响。

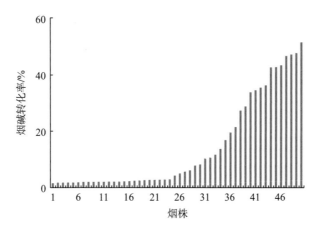

图 5-11　达白 1 号(宣汉)不同烟株调制后烟叶烟碱转化率分布

5.2 烟碱转化对烟草特有亚硝胺含量和烟叶感官评吸的影响

5.2.1 烟碱转化对烟草特有亚硝胺含量的影响

Shi 等(2000a)在美国肯塔基大学研究和建立了烟草栽培品种烟碱转化程度和降烟碱含量与 NNN 和总的烟草特有亚硝胺(TSNAs)含量的关系。首先根据对单株生物碱组成和含量的测定结果,选择了 TN90 品种 30 株具有不同烟碱转化程度的植株,其降烟碱含量为 0.05%~3.0%。分别对各单株烟叶样品 TSNAs 含量进行测定。结果如图 5-12 所示,降烟碱含量与 NNN 含量呈极显著正相关,相关系数达 0.9 以上。所测的烟株来自同一个品种、同一个栽培条件和同一个晾制环境,可以最大限度地消除 TSNAs 合成的另一个前体物亚硝酸的影响,可以较好地反映烟碱转化与 NNN 形成和积累的关系。

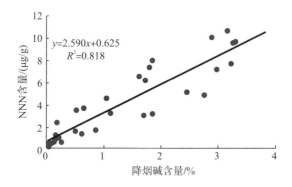

图 5-12　烟叶降烟碱含量与 NNN 含量的相关关系

Shi 等(2000b)通过测定我国烟叶和卷烟烟丝中的生物碱和 TSNAs 含量,发现降烟碱与 NNN 具有类似的正相关关系(表 5-8)。

表 5-8　我国烟叶和烟丝中生物碱含量与 TSNAs 含量的相关系数

项目	NNN	NAT	NAB	NNK	TSNAs
烟碱	0.41	0.58	0.23	0.03	0.41
降烟碱	0.86	0.74	0.16	0.06	0.79
假木贼碱	0.51	0.69	0.49	0.23	0.42
新烟草碱	0.61	0.79	0.07	0.07	0.71
总碱	0.52	0.64	0.23	0.04	0.54

生物碱和硝态氮是烟草特有亚硝胺的前体物。为了阐明烟叶 TSNAs 的形成与前体物的复杂关系,Shi 等(2003)采用具有不同烟碱转化能力的烟株,在不同栽培和调制环境下研究了降烟碱含量和硝态氮含量对 TSNAs 形成的综合影响。在烟株生长早期,对烟株群体进行烟碱转化株筛选,然后将烟株分为非转化株、低转化株和高转化株,烟叶样品取自

烟株的不同部位，分别在不同的调制环境下调制。结果表明，TSNAs 与前体物的关系在不同情况下表现出较大差异（表 5-9）。在非转化株群体中，不同栽培和调制环境造成烟叶的硝态氮含量有很大差异。

表 5-9　不同烟草群体烟叶 TSNAs 含量与前体物含量的相关关系

群体	TSNAs	生物碱				硝态氮	
		烟碱	降烟碱	新烟草碱	假木贼碱	NO₂-N	NO₃-N
非转化株，不同调制条件	NNN	0.0742	0.4789	0.3720	0.0943	0.7273*	0.2653
	NNK	0.5566	0.4102	0.3792	0.0245	0.8097*	0.0648
	NAT	0.1546	0.1010	0.2410	0.0283	0.7520*	0.3762
	NAB	0.1039	0.0707	0.1581	0.3186	0.6689*	0.2850
	TSNAs	0.0707	0.3942	0.3672	0.1526	0.7864*	0.2460
转化株，不同调制条件	NNN	−0.2751	0.7391*	0.4905	0.3401	0.3982	0.0900
	NNK	0.3350	0.2619	0.3530	0.5187	0.6259*	0.2653
	NAT	0.4252	−0.2575	0.2387	0.2698	0.7739*	0.1345
	NAB	0.0500	0.0202	0.0906	0.3033	0.5928	0.0854
	TSNAs	−0.0787	0.5318	0.4111	0.3730	0.5038	0.0632
非转化株+转化株，同一调制条件	NNN	0.6963*	0.8136**	0.4531	0.3506	0.1926	0.1100
	NNK	−0.3670	0.5096	0.2753	0.2864	0.6812*	−0.0840
	NAT	0.0224	0.1311	0.2054	0.1175	0.7446*	0.3239
	NAB	0.0424	0.0899	0.1118	0.2881	0.5903	0.0943
	TSNAs	−0.6163*	0.6899*	0.3237	0.2757	0.3796	0.1378

进一步研究表明，白肋烟叶片和主脉烟碱转化率有一定差异，对 TSNAs 的贡献有所不同（史宏志等，2006）。对主脉来说，虽然生物碱绝对含量较低，但烟碱转化率却较高。通过烟草转化株的早期鉴定，将烟草植株分为非转化株、低转化株和高转化株 3 组，分别测定调制后烟样的 TSNAs 含量。如图 5-13 所示，具有不同烟碱向降烟碱转化能力的烟叶之间，NNK、NAB 和 NAT 含量没有显著差异，但 NNN 含量随着烟碱转化能力的提高大幅度增加，表明烟碱向降烟碱转化导致降烟碱含量升高，可显著促进 NNN 的形成和 TSNAs 含量的提高。

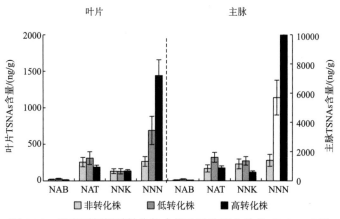

图 5-13　具有不同烟碱转化能力烟叶叶片和主脉的 TSNAs 含量

试验对具有不同烟碱转化能力的个体烟株的降烟碱含量和 TSNAs 含量进行了测定，以进一步探索烟叶的降烟碱与 NNN 形成的关系。不同烟样烟碱转化能力差异极大，因而降烟碱含量具有较大的变幅，叶片的降烟碱含量为 0.1%～3.6%，主脉的降烟碱含量为 0.02%～0.91%。结果表明，NNN 含量与降烟碱含量存在显著的正相关关系，随着降烟碱含量的增加，NNN 含量线性增加(图 5-14)。

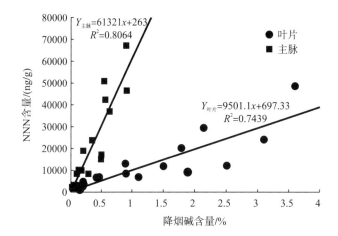

图 5-14   白肋烟叶片和主脉降烟碱含量与 NNN 含量的关系

试验表明，具有不同烟碱转化能力的烟叶之间，以及叶片和主脉之间，TSNAs 的组成比例有一定差异。随着烟碱转化率的增加，NNN 占总 TSNAs 的比例持续增加(图 5-15)。在高转化株中，NNN 的比例可达 TSNAs 的 90%。在主脉中，NNN 所占的比例也随烟碱转化程度的提高而增加，但 TSNAs 的组成特点与叶片有所不同(图 5-16)，主脉 NNK 所占比例高于 NAT，而叶片 NNK 比例远低于 NAT。

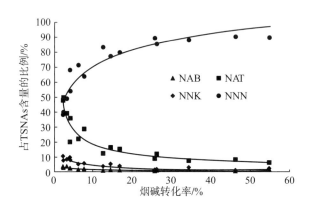

图 5-15   不同烟碱转化能力烟叶四种生物碱含量占 TSNAs 含量的比例

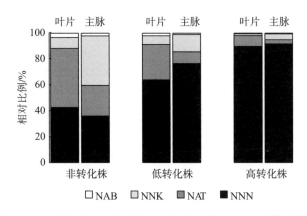

图 5-16 转化株和非转化株烟叶叶片和主脉 TSNAs 的组成比例

5.2.2 烟碱转化对烟叶感官评吸的影响

随着烟碱向降烟碱转化程度的提高，烟叶叶片和主脉的麦斯明和酰化降烟碱含量直线增加，直接改变了烟叶和烟气化学成分的组成和含量，对烟叶的香味品质产生不利影响。Roberts（1988）研究发现，在热解过程中降烟碱产生麦斯明及吡啶化合物，使烟气具有诸如碱味、鼠臭味等异味。但在 21 世纪初以前，人们对降烟碱含量增高影响烟叶香味品质仅局限于感性的认识，缺乏系统的、严密的定量研究。2003～2004 年，笔者采用不同年份、不同部位的具有不同烟碱转化程度的烟叶卷制出系列试验卷烟，探讨了烟碱转化率与卷烟感官评吸的关系（史宏志等，2005b）。

试验采用白肋烟杂交种鄂烟 1 号作为材料，于 2003 年选取 60 棵烟株定株编号，晾制结束后，每株取上部叶 2 片，作为 1 个样品。每组样品取少量烟叶测定其生物碱含量及烟碱转化能力。根据烟碱转化率，将烟株分为 4 组，即非转化株（烟碱转化率低于 5%）、低转化株（烟碱转化率 5%～20%）、中高转化株（烟碱转化率 20%～50%）和高转化株（烟碱转化率大于 50%）。4 组烟叶分别混合后进行切丝。每组烟丝一部用于直接卷制试验卷烟，另一部分将非转化烟丝和高转化烟丝按不同比例混合得到 7 种混配试验卷烟，其混配比例分别为：90%非转化烟丝+10%高转化烟丝、80%非转化烟丝+20%高转化烟丝、70%非转化烟丝+30%高转化烟丝、55%非转化烟丝+45%高转化烟丝、40%非转化烟丝+60%高转化烟丝、30%非转化烟丝+70%高转化烟丝、15%非转化烟丝+85%高转化烟丝。2003 年共制备11 种试验卷烟供感官评吸。2004 年选取 100 棵烟株在田间挂牌定株，于调制结束时每株取中部叶 2 片作为独立样品。每组样品取少量烟叶测定生物碱含量和烟碱转化率，按烟碱转化率高低进行排序，并将烟碱转化率相近的样品进行归类，共得到 9 组样品用于卷制试验卷烟，供感官评吸鉴定。

1. 不同试验卷烟的生物碱含量和烟碱转化率

试验卷烟卷制后，对其生物碱含量和烟碱转化率进行了测定，以验证试验卷烟系列在烟碱转化率方面的差异性和可靠性，并为进一步研究烟碱转化率与感官评吸的关系奠定基础。表 5-10 和表 5-11 分别为 2003 年和 2004 年鄂烟 1 号试验卷烟烟丝的生物碱含量和烟碱转化率。可以看出，由于烟叶的部位不同以及施肥等栽培管理措施的差异，用不同年份的烟叶卷制的卷烟总碱含量相差较大，其中，2003 年烟叶总碱含量明显高于 2004 年烟叶。但同一年份的卷烟样品间总碱含量、假木贼碱含量和新烟草碱含量无显著差异。

表 5-10　2003 年鄂烟 1 号试验卷烟烟丝的生物碱含量和烟碱转化率　　　　(%)

卷烟样品	烟碱	降烟碱	假木贼碱	新烟草碱	总碱	烟碱转化率
1（非转化株）	8.10	0.326	0.062	0.584	9.072	3.9
2（低转化株）	7.81	0.611	0.056	0.738	9.215	7.3
3（中高转化株）	5.70	2.620	0.060	0.686	9.066	31.5
4（高转化株）	2.38	5.980	0.058	0.618	9.036	71.5
5（90%非转化+10%高转化）	7.16	1.104	0.062	0.492	8.818	13.4
6（80%非转化+20%高转化）	6.92	1.580	0.060	0.546	9.106	18.6
7（70%非转化+30%高转化）	6.48	1.650	0.058	0.580	8.768	20.3
8（55%非转化+45%高转化）	5.78	3.460	0.058	0.552	9.850	37.4
9（40%非转化+60%高转化）	5.40	3.594	0.058	0.564	9.616	40.0
10（30%非转化+70%高转化）	4.18	4.290	0.066	0.620	9.156	50.6
11（15%非转化+85%高转化）	3.84	5.100	0.050	0.538	9.528	57.0

表 5-11　2004 年鄂烟 1 号试验卷烟烟丝的生物碱含量和烟碱转化率　　　　(%)

卷烟样品	烟碱	降烟碱	假木贼碱	新烟草碱	总碱	烟碱转化率
1	4.55	0.158	0.028	0.273	5.009	3.4
2	4.07	0.353	0.030	0.345	4.798	8.0
3	3.68	0.542	0.029	0.236	4.487	12.8
4	3.26	0.780	0.030	0.282	4.352	19.3
5	2.95	1.330	0.028	0.346	4.654	31.1
6	2.69	1.700	0.029	0.278	4.697	38.7
7	2.29	2.480	0.031	0.292	5.093	52.0
8	1.98	2.450	0.026	0.277	4.733	55.3
9	1.56	3.020	0.028	0.299	4.907	65.9

2. 烟碱转化率与卷烟感官评吸品质的关系

2003 年和 2004 年卷烟样品先后由两个专家评吸小组进行感官评吸鉴定。2003 年样品的评吸共设 9 项：风格程度、香气质、香气量、浓度、生理强度、杂气、刺激性、余味和口腔残余。2004 年样品评吸缺少香气质一项，其他各项相同。每项分别打分，最高 100分，最低 0 分，其中风格程度从显著到少有、香气质从好到差、香气量从足到少、浓度从浓到淡、生理强度从大到小、余味从舒适到苦辣分值逐渐减低；杂气由重到少、刺激性由大到小、口腔残留由多到少分值逐渐增高。

图 5-17～图 5-25 分别表示了烟叶烟碱转化率与各单项评吸分值的关系。由图可知，

随着烟碱转化率的增加，白肋烟风格程度呈线性下降，两年卷烟样品表现出相同的变化趋势，因此烟碱转化率的增加可使白肋烟失去原有的香味特征，降低其可用性。

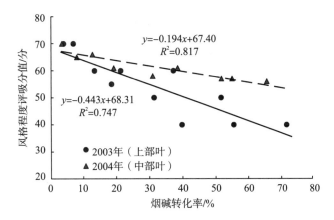

图 5-17 烟碱转化率与风格程度评吸分值的关系

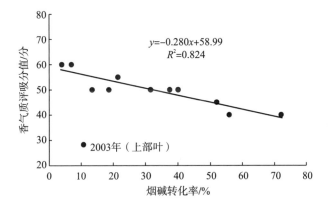

图 5-18 白肋烟烟碱转化率与香气质评吸分值的关系

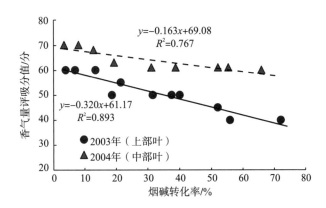

图 5-19 白肋烟烟碱转化率与香气量评吸分值的关系

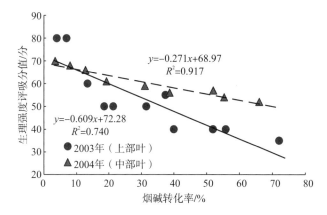

图 5-20　白肋烟烟碱转化率与生理强度评吸分值的关系

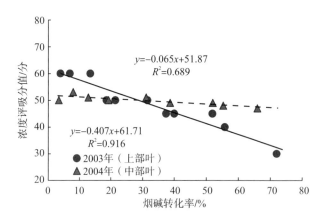

图 5-21　白肋烟烟碱转化率与浓度评吸分值的关系

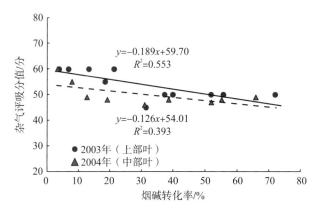

图 5-22　白肋烟烟碱转化率与杂气评吸分值的关系

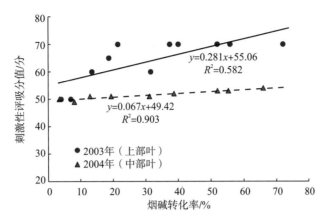

图 5-23 白肋烟烟碱转化率与刺激性评吸分值的关系

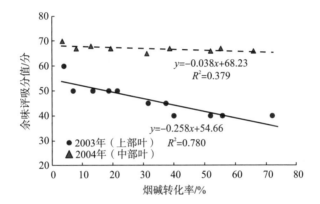

图 5-24 白肋烟烟碱转化率与余味评吸分值的关系

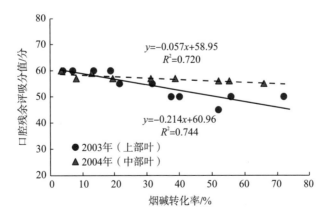

图 5-25 白肋烟烟碱转化率与口腔残余评吸分值的关系

香气质直接反映了烟叶香气的纯正程度。图 5-18 表明，随着烟碱转化率的增加，香气质的得分直线降低，说明烟碱向降烟碱转化可直接导致烟叶香气质变劣，烟叶烟碱转化率越高，香气质越差。

香气量反映了烟叶特有香气的丰富程度，充足的香气可使消费者得到更多愉悦的感受。图 5-19 表明，随着烟碱转化率的增加，香气量的分值直线下降，两年卷烟评吸结果变化趋势一致。

生理强度是人们吸食卷烟时所受到生理刺激的程度，主要由烟碱含量高低所决定。如图 5-20 所示，随着烟碱转化率的增加，生理强度的分值直线下降，其中 2003 年下降幅度较 2004 年更大，这可能是因为 2003 年生物碱整体水平较高，且不同卷烟样品间烟碱转化率差异较大。

浓度反映了具有烟叶特有香味的烟气的饱满程度。如图 5-21 所示，随着烟碱转化率的增加，浓度呈下降趋势，其中 2003 年的卷烟样品更为显著，与生理强度表现出相似的趋势。

杂气是烟气中除白肋烟特有香味以外其他不良气味的总和。本书中规定杂气越重，得分越低。如图 5-22 所示，随着烟碱转化率的增加，杂气得分呈降低趋势，表明烟碱转化可导致烟气中杂气加重，这可能与转化型烟叶中降烟碱、降烟碱衍生物、麦斯明等含量增高有关。

刺激性反映了人们吸食卷烟时感官所受到不良反应的程度。如图 5-23 所示，2003 年卷烟样品随着烟碱转化率的增加，刺激性明显增加，而 2004 年卷烟样品刺激性在不同样品间差异较小。这可能与 2003 年卷烟样品生物碱含量水平较高有关，特别是非转化烟叶和低转化烟叶。

余味反映了吸食卷烟后口腔的舒适程度。如图 5-24 所示，随着烟碱转化率的增加，余味呈下降趋势，表明烟碱转化可导致余味变劣。

口腔残余是吸食卷烟后口腔内残留的不良气味。口腔残余越多，得分越低。图 5-25 的结果表明，烟碱向降烟碱转化可使口腔残余加重，并且随烟碱转化率的增加，口腔残余有增加的趋势。

综合以上分析可以得出，烟株群体中一些烟株基因突变导致调制后烟叶烟碱含量降低，降烟碱含量异常增高，进而对烟叶感官评吸品质和卷烟烟丝、烟气 TSNAs 含量造成重要影响。

5.3　四川白肋烟主栽品种烟碱转化性质的遗传改良

四川是中国白肋烟重要产区，具有生产优质白肋烟的潜力。达白系列品种是四川达州烟草科学研究所先后培育的杂交种，主要包括达白 1 号、达白 2 号和达白 3 号。其中，达白 1 号具有较强的地区适应性和较高的质量潜力，已确定为四川白肋烟生产主栽品种，达白 2 号也开始在生产上应用。为了明确达白系列品种生物碱组成和含量的合理性，笔者于2007 年采用转化株早期诱导鉴别方法对各杂交种及相应亲本材料的生物碱含量进行定株测定，以明确各品种及其亲本材料转化株的比例和烟碱转化率分布，为通过亲本选择，改良杂交种，优化生物碱组成，提高烟叶质量水平和安全性提供理论依据(Shi et al ., 2010，2011a，2011b)。

5.3.1 达白杂交种早期诱导后烟碱转化率株间分布

达白1号在2003年通过全国品种审定，母本是以MS104gr为雄性不育来源转育成的MSKY14，父本为达所26。对达白1号生长早期烟叶进行转化诱导和转化株鉴定，发现达白1号群体中存在一定量的烟碱转化率大于3%的转化株。分析表明，群体中转化株比例为10.9%，多为低转化株(占7.3%)，烟碱转化率大于20%高转化株比例为3.6%，所测群体平均烟碱转化率为3.74%(表5-12)。

表 5-12 不同白肋烟杂交种群体转化株比例和烟碱转化率

品种	转化株比例/%		非转化株比例/%	烟碱平均含量/(g/kg)	平均烟碱转化率/%
	低转化株	高转化株			
达白1号	7.3	3.6	89.1	15.6	3.74
达白2号	16.3	7.4	76.3	18.7	4.59
达白3号	20.0	80.0	0.0	10.6	38.30

达白2号是2007年通过全国品种审定的利用雄性胞质不育性培育的F1代杂交种，母本为MSVA509，父本为达所26。对该品种早期诱导后烟叶的生物碱组成和含量进行定株测定，结果表明，达白2号群体中存在一定的转化株，转化株比例为23.7%，转化率大于20%的高转化株比例占7.4%。所测群体平均烟碱转化率为4.59%(表5-12)。

达白3号也是利用胞质雄性不育系培育的杂交种，母本为MSKY14，父本为达所27。对达白3号早期生长烟叶单株采样，测定生物碱含量，计算烟碱转化率。达白3号烟碱转化问题十分突出，所测群体100%的烟株为转化株，而且转化率较高，其中高转化株比例高达80%，所测群体平均烟碱转化率达38.30%(表5-12)。因此，该品种生物碱组成极不合理，需要进行系统改良。

5.3.2 达白杂交种亲本早期诱导后烟碱转化率的分布

1. 达所26烟碱转化率株间分布

达所26是杂交种达白1号和达白2号的共同父本，其化学组成和含量对杂交种表现有重要影响。在达所26移栽后随机选取140棵烟株进行定株，对取样后的烟叶进行转化诱导，测定生物碱含量和烟碱转化率，发现群体中存在一定数量的转化株，不同烟株烟碱转化率的分布见图5-26。分析表明，转化株比例为53.2%，其中低转化株居多，占群体总数的34.1%，高转化株占19.1%(表5-13)。因此，在制种过程中对达所26进行转化株鉴别和亲本选择是必需的。

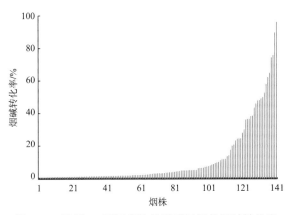

图 5-26   达所 26 不同烟株早期诱导后的烟碱转化率

表 5-13   不同杂交种亲本群体转化株比例和烟碱转化率

品种	转化株比例/%		非转化株 比例/%	烟碱平均 含量/(g/kg)	平均烟碱 转化率/%
	低转化株	高转化株			
达所 26	34.1	19.1	46.8	13.3	11.93
达所 27	2.1	96.6	1.3	2.2	84.27
KY14	20.8	9.4	69.8	19.3	6.36
MSKY14	31.3	6.3	62.4	14.1	5.62

2.   达所 27 烟碱转化率株间分布

达所 27 是达白 3 号的父本，在移栽后选择 144 棵烟株定株，取样和诱导后进行生物碱含量测定，得到不同烟株的烟碱转化率分布，见图 5-27。可以清晰地看出，达所 27 烟碱转化问题十分突出，几乎群体中所有烟株都是转化株，而且绝大多数为高转化株，占群体的 96.6%，近 80%烟株的烟碱转化率超过 80%，平均烟碱转化率达 84.27%。因此，该亲本材料需要进行系统改良。

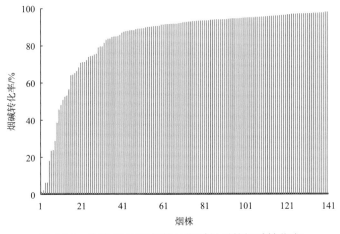

图 5-27   达所 27 不同烟株早期诱导后的烟碱转化率

3. MSKY14 和 KY14 烟碱转化率株间分布

不育系 MSKY14 是达白 1 号的母本，KY14 是 MSKY14 的保持系，对两个群体烟叶生长早期的烟碱转化率分别测定，表明群体中多为非转化株，但均存在一定比例的转化株，转化株比例分别为 37.6% 和 30.2%，多为低转化株（表 5-13）。MSKY14 不同烟株早期诱导后的烟碱转化率如图 5-28 所示。

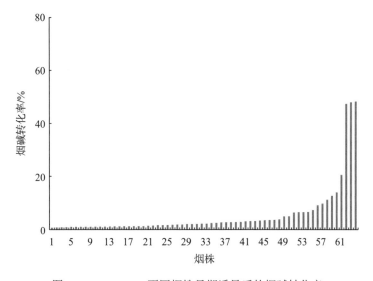

图 5-28　MSKY14 不同烟株早期诱导后的烟碱转化率

5.3.3　达白杂交种亲本的选择和改良

达白 1 号、达白 2 号和达白 3 号这些杂交种均不同程度地存在烟碱转化问题，其中以达白 3 号最为严重。达白 1 号和达白 2 号的父本达所 26 和达白 3 号的父本达所 27 是杂交种烟碱转化基因的主要贡献者。本书通过对四川白肋烟亲本材料转化性状的鉴定、选择和组配，改良了亲本和杂交种，并探讨了烟碱转化性状改良对降低烟碱转化率和烟草特有亚硝胺含量的影响，为提高烟叶的香味品质并在生产上大面积推广提供了依据。

1. 对达所 26 的改良

2007 年采用乙烯利处理对达所 26 进行了转化株的早期诱导和鉴定，结果表明，群体中存在大量转化株，转化株比例为 53.2%。根据早期鉴定结果，选择了达所 26-12、达所 26-30 和达所 26-39 这三个非转化株分别进行套袋自交，所获种子在 2008 年按株系种植，在烟株开花前同样用乙烯利处理方法进行诱导和转化株鉴定。结果表明，3 个非转化株的后代出现了 9%～15% 的转化株，但与达所 26 的自然群体相比，转化株比例和转化株的转化程度都大幅度降低（表 5-14）。

表 5-14　达白杂交种亲本材料在不同选择世代的烟碱转化株比例　　　　　　　　　(%)

群体	非转化株比例	低转化株比例	中转化株比例	高转化株比例	转化株比例	平均烟碱转化率
达所 26	46.8	19.6	18.0	15.6	53.2	20.6
达所 26-12	91.0	5.0	4.0	0.0	9.0	2.8
达所 26-30	85.0	8.0	5.0	2.0	15.0	3.1
达所 26-39	88.0	6.0	4.0	2.0	12.0	3.2
达所 26-12-24	100.0	0.0	0.0	0.0	0.0	1.9
达所 26-12-33	96.5	3.5	0.0	0.0	3.5	2.2
达所 26-30-6	100.0	0.0	0.0	0.0	0.0	1.8
达所 26-30-29	95.0	5.0	0.0	0.0	5.0	1.9
达所 26-39-10	95.0	5.0	0.0	0.0	5.0	2.2
达所 26-39-23	97.0	3.0	0.0	0.0	3.0	2.0
达所 27	4.0	22.0	35.6	38.4	96.0	60.5
达所 27-11	81.0	10.6	7.0	1.4	19.0	3.5
达所 27-45	75.0	11.5	8.5	5.0	25.0	4.3
达所 27-11-16	90.0	6.0	4.0	0.0	10.0	2.2
达所 27-11-30	92.0	4.0	4.0	0.0	8.0	2.3
达所 27-45-3	95.0	5.0	0.0	0.0	5.0	2.0
达所 27-45-25	88.0	8.0	4.0	0.0	12.0	2.4
KY14	88.0	10.0	2.0	0.0	12.0	2.4
KY14-9	100.0	0.0	0.0	0.0	0.0	1.7
KY14-16	100.0	0.0	0.0	0.0	0.0	1.8
MSKY14-6×KY14-9-13	98.0	2.0	0.0	0.0	2.0	1.9
VA509	92.0	8.0	0.0	0.0	8.0	2.0
VA509-17	100.0	0.0	0.0	0.0	0.0	1.8
VA509-28	98.0	2.0	0.0	0.0	2.0	1.9
MSVA509×VA509-17-15	100.0	0.0	0.0	0.0	0.0	2.0

　　在对三个株系早期鉴定的基础上，进一步分别选择两株非转化株进行套袋自交，所获种子在 2009 年种植，并对后代不同烟株进行转化株的早期鉴定（表 5-14），结果表明，达所 26-12 的两个非转化株自交后代一个全部为非转化株，另一个 96.5% 为非转化株；达所 26-30 的两个自交后代有一个达到 100% 为非转化株，另一个 95% 为非转化株；达所 26-39 的两个自交后代有一个 97% 为非转化株，另一个 95% 为非转化株。非转化株后代出现的转化株一般为低转化株，说明通过连续选择，可以有效降低后代群体中转化株的出现比例。

2. 对达所 27 的改良

　　于 2007 年对达所 27 自然群体进行转化株的早期诱导和鉴定，发现群体转化株比例高达 96%，且主要为烟碱转化率在 20% 以上的中转化株和高转化株。根据早期鉴定结果，选择了达所 27-11、达所 27-45 两个非转化株分别进行套袋自交，所获种子在 2008 年按株系种植，在烟株开花前同样用乙烯利处理方法进行诱导和转化株鉴定。结果表明，两个非转化株的后代分别出现 19% 和 25% 的转化株，但转化株的转化程度较低。

在对两个株系早期鉴定的基础上，进一步分别选择两株非转化株进行套袋自交，所获种子在 2009 年种植，并对后代不同烟株进行转化株的早期鉴定（表 5-14），结果表明，达所 27-11 的两个自交后代所测烟株非转化株比例分别为 90% 和 92%；达所 27-45 的两个自交后代有一个达到 95% 为非转化株，另一个 88% 为非转化株。进一步说明，通过连续选择，非转化性状的稳定性得到了较大改进，为生产上进行大面积制种进行杂交种改良提供了条件。

3. 对 KY14 和 VA509 的改良

白肋烟 KY14 和 VA509 是达白杂交种母本胞质不育系的保持系，对其进行改良是降低母本不育系烟碱转化株比例的前提。从两个品种原始群体烟碱转化株的早期鉴别结果可知，其烟碱转化株比例和转化程度均较低。分别选择两株非转化株进行自交，后代株系或全部为非转化株，或仅出现个别低转化株。

5.3.4　达白改良杂交种烟碱转化率和增质减害效果

在对达白系列杂交种亲本改良的基础上，根据鉴定结果，严格选取非转化株进行杂交制种，得到改良杂交种达白 1 号 NN、达白 2 号 NN、达白 3 号 NN。于 2008 年在四川白肋烟产区按照规范化的生产技术设置不同杂交组合的对比试验，比较改良杂交种和常规杂交种烟碱转化率、烟叶 TSNAs 含量及感官评吸的差异。

1. 转化株比例和烟碱转化率

烟叶团棵期定株进行转化株诱导鉴定，测定单株烟碱转化率。表 5-15 为改良杂交种与常规种早期诱导群体烟碱转化率比较，与相应的未改良常规杂交种相比，改良杂交种转化株比例和平均烟碱转化率大幅降低。达白 1 号的转化株比例由 23.6% 降到 8.5%。达白 2 号转化株比例由 22.4% 降到 7.8%。而达白 3 号转化株比例由 100% 降到 10.9%，平均烟碱转化率由 40.52% 降到 2.32%，取得了显著的改良效果。

表 5-15　改良杂交种与常规种早期诱导群体烟碱转化率比较　　　　　(%)

品种	转化株比例		非转化株比例	平均烟碱转化率
	低转化株	高转化株		
达白 1 号	16.5	7.1	76.4	5.74
达白 1 号 NN	8.5	0	91.5	2.06
达白 2 号	14.8	7.6	77.6	4.83
达白 2 号 NN	7.8	0	92.2	1.93
达白 3 号	18.0	82.0	0.0	40.52
达白 3 号 NN	10.4	0.5	89.1	2.32

表 5-16 为改良杂交种与常规杂交种晾制后混合烟样烟碱转化率的差异，结果表明，3 个改良杂交种混合样品的烟碱转化率分别为 3.00%、2.20% 和 2.63%。因此，杂交种改良使烟叶的降烟碱含量和烟碱转化率大幅度降低，烟叶生物碱组成得到充分优化。

表 5-16　改良杂交种与常规杂交种晾制后混合烟样烟碱转化率的差异　　　　　(%)

品种	烟碱	降烟碱	烟碱+降烟碱	烟碱转化率
达白 1 号	6.30	0.77	7.07	10.89
达白 1 号 NN	5.50	0.17	5.67	3.00
达白 2 号	5.82	0.48	6.30	7.62
达白 2 号 NN	5.34	0.12	5.46	2.20
达白 3 号	4.40	4.73	9.13	51.81
达白 3 号 NN	8.14	0.22	8.36	2.63

2. 感官评吸

将所配置的改良杂交种和常规杂交种烟叶在正常晾制后取混合样卷制成单料烟进行感官评吸鉴定，所得结果见表 5-17。结果表明，改良杂交种达白 1 号 NN、达白 2 号 NN、达白 3 号 NN 的香味品质与相应的常规种相比得到明显改善。

表 5-17　不同达白系列杂交种单料烟的感官评吸质量　　　　　(单位：分)

杂交种	风格程度(10)	香气质(10)	香气量(10)	浓度(10)	杂气(10)	劲头(10)	余味(10)	燃烧性(10)	灰色(10)	总分(90)
达白 1 号	6.5	5.0	6.5	5.5	5.5	6.0	5.0	5.5	6.0	51.5
达白 1 号 NN	7.5	6.2	7.0	6.0	6.0	6.5	6.5	6.0	5.5	57.2
达白 2 号	6.6	5.5	6.3	6.0	5.5	5.5	5.0	5.5	6.0	51.9
达白 2 号 NN	7.0	6.6	6.8	6.0	6.0	6.2	6.0	5.5	6.0	56.1
达白 3 号	5.5	4.0	5.3	5.6	4.3	5.5	4.5	5.5	6.2	46.4
达白 3 号 NN	7.0	6.5	6.5	6.0	6.0	6.5	5.9	5.5	6.0	55.9

3. 烟草特有亚硝胺含量

对改良杂交种调制后烟叶进行烟草特有亚硝胺含量的测定，结果表明，常规种达白 1 号、达白 2 号和达白 3 号的 TSNAs 含量分别为 12.53μg/g、8.07μg/g 和 13.85μg/g，以 NNN 含量最高，NAT 含量次之(表 5-18)。TSNAs 含量的降低主要是由 NNN 含量的降低引起的。

表 5-18　不同达白杂交种晾制后烟叶的 TSNAs 含量比较　　　　　(单位：μg/g)

杂交种	NNK	NNN	NAT	NAB	TSNAs
达白 1 号	0.58	7.71	4.21	0.03	12.53
达白 1 号 NN	0.46	2.98	4.23	0.04	7.71
达白 2 号	0.39	4.54	3.11	0.03	8.07

续表

杂交种	NNK	NNN	NAT	NAB	TSNAs
达白 2 号 NN	0.41	2.29	2.98	0.03	5.71
达白 3 号	0.49	10.72	2.59	0.05	13.85
达白 3 号 NN	0.43	3.11	3.24	0.04	6.82

　　试验还对不同杂交种烟叶的常规化学成分进行了分析，结果表明，改良杂交种与常规种相比，主要化学成分含量无显著差异。基于改良杂交种显著的增质减害效果，在生产中进行了大面积推广应用。

第6章 烟草特有亚硝胺及抑制技术

烟草特有亚硝胺是由烟草生物碱与含氮氧化物发生亚硝化反应生成的(在酸性条件下)，主要存在于烟叶及烟气中的一类有害成分。主要包括4种：NNN、NNK、NAT和NAB，NNN和NNK的强动物致癌性已被证实，其致病机理已有大量报道。一般认为，新鲜采摘烟叶中的TSNAs含量甚微，在调制和贮藏阶段，TSNAs可大量形成，目前有关调制阶段TSNAs形成的研究较集中。

白肋烟具有特殊的香味，是混合型卷烟的主要原料，其对降低烟气焦油量有重要作用，其质量是影响混合型卷烟质量的重要因素之一。由于白肋烟烟叶生产过程中需氮量较大，叶片中硝态氮和烟碱含量高(Lewis et al.，2012)，且烟株群体中发生烟碱转化的概率较高，调制后烟叶中TSNAs的含量与烤烟和晒烟相比较高。关于白肋烟调制过程中 TSNAs、硝态氮和生物碱含量的动态变化，以及 TSNAs 的形成机理及影响因素已有大量的研究和报道(Burton et al.，1989；Cui，1998)。白肋烟贮藏阶段是 TSNAs 形成的关键时期，调制后的烟叶还要经过至少18个月的储存醇化才能用于卷烟工业生产，叶片本身生物碱和硝态氮含量基数较大，随着贮藏时间的延长，烟叶TSNAs含量将大幅增加。

6.1 白肋烟贮藏后 TSNAs 含量及与前体物关系

我国是白肋烟的重要产区，但针对不同产区和品种白肋烟的 TSNAs 形成规律研究较少，不同产区由于生态条件、品种选用、栽培技术和调制方法有很大不同，对 TSNAs 的形成和积累也会造成不同影响。系统研究不同产区、不同品种烟叶 TSNAs 的含量及其与前体物的关系，对于明晰造成 TSNAs 含量增高的深层原因，以便采取有针对性的措施降低烟叶 TSNAs 含量，提高烟叶和制品的安全性具有重要意义(史宏志等，2002)。笔者通过收集全国4个主要白肋烟产区及美国、马拉维烟叶样品，测定 TSNAs、生物碱和硝态氮含量，在不同层次分析了 TSNAs 含量与前体物含量的关系，为采取农业措施降低 TSNAs 含量提供理论依据(史宏志等，2012)。

国内白肋烟烟叶样品分4个产区，分别为四川达州、湖北恩施、云南大理和重庆万州，样品均为2010年晾制后的上二棚烟叶。每个地区样品数6～10个。各地烟叶均为当地主栽品种，湖北恩施烟叶为鄂烟1号和鄂烟3号，四川达州烟叶为达白1号和达白2号，云南大理烟叶为TN96、TN90和云白1号，重庆万州烟叶为鄂烟1号和鄂烟3号。

6.1.1　不同产区白肋烟 TSNAs、生物碱和硝态氮含量

1. 不同产区白肋烟 TSNAs 含量

对我国不同产区白肋烟样品 TSNAs 含量测定表明,TSNAs 含量在产区间差异性明显。由表 6-1 可知,重庆和湖北一些样品 TSNAs 含量较高,进而提高了该区的平均水平。四川达州和云南大理烟叶 TSNAs 含量水平普遍较低。分析表明,我国四川达州和云南大理白肋烟 TSNAs 含量与美国和马拉维烟叶没有显著性差异,但重庆万州和湖北恩施烟叶 TSNAs 含量与美国和马拉维烟叶差异显著。

表 6-1　不同产区白肋烟晾制后 TSNAs 含量比较　　　　　（单位：μg/g）

产区	项目	NNN	NAT	NAB	NNK	TSNAs
重庆万州	平均值	11.14	1.90	0.06	0.15	13.25
	最大值	17.84	2.57	0.10	0.17	20.68
	最小值	4.87	1.41	0.02	0.14	6.44
云南大理	平均值	1.48	1.03	0.04	0.08	2.63
	最大值	2.79	1.86	0.10	0.13	4.88
	最小值	0.30	0.57	0.00	0.04	0.91
湖北恩施	平均值	10.77	2.08	0.13	0.22	13.20
	最大值	19.27	3.88	0.37	0.37	23.89
	最小值	3.09	1.80	0.05	0.16	5.10
四川达州	平均值	2.42	1.74	0.07	0.17	4.40
	最大值	3.80	2.51	0.13	0.32	6.76
	最小值	1.17	0.81	0.00	0.06	2.04
美国	平均值	1.52	1.32	0.04	0.18	3.06
	最大值	2.39	1.65	0.09	0.29	4.42
	最小值	0.93	0.87	0.02	0.11	1.93
马拉维	平均值	1.09	1.26	0.02	0.32	2.69

2. 不同产区白肋烟的生物碱和硝态氮含量

由表 6-2 可知,不同产区白肋烟生物碱和硝态氮两类 TSNAs 合成的前体物含量差异明显。重庆万州、湖北恩施和四川达州的总碱含量较高,且差异不显著,云南大理白肋烟总碱含量较低,与马拉维白肋烟较为接近,美国白肋烟总碱含量低于重庆万州、湖北恩施和四川达州烟叶,但高于云南大理和马拉维烟叶。

表 6-2　不同产区白肋烟晾制后烟叶生物碱和硝态氮含量比较

产区	项目	生物碱/%					硝态氮/(mg/kg)	
		烟碱	降烟碱	假木贼碱	新烟草碱	总碱	NO_3-N	NO_2-N
重庆万州	平均值	5.17	0.78	0.04	0.22	6.21	1837.3	1.9
	最大值	5.42	1.38	0.06	0.25	7.11	2294.0	2.1
	最小值	4.79	0.16	0.02	0.16	5.13	1405.9	1.7

产区	项目	生物碱/%					硝态氮/(mg/kg)	
		烟碱	降烟碱	假木贼碱	新烟草碱	总碱	NO₃-N	NO₂-N
云南 大理	平均值	3.44	0.14	0.03	0.13	3.74	3418.9	2.1
	最大值	5.26	0.38	0.04	0.20	5.88	5179.0	2.3
	最小值	2.43	0.07	0.00	0.11	2.61	2223.2	1.9
湖北 恩施	平均值	5.26	0.61	0.05	0.20	6.12	3833.4	2.1
	最大值	5.94	1.70	0.06	0.30	8.00	7357.0	2.2
	最小值	4.49	0.16	0.04	0.14	4.83	2423.3	1.9
四川 达州	平均值	5.55	0.12	0.04	0.16	5.87	2333.0	2.4
	最大值	5.87	0.18	0.06	0.23	6.34	4652.4	2.6
	最小值	4.68	0.08	0.03	0.09	4.88	521.2	2.0
美国	平均值	4.35	0.15	0.04	0.15	4.69	2169.1	2.2
	最大值	5.12	0.21	0.04	0.16	5.53	2323.2	2.3
	最小值	3.72	0.11	0.03	0.14	4.00	1974.3	2.0
马拉维	平均值	3.76	0.11	0.02	0.08	3.97	662.7	2.8

6.1.2 不同白肋烟品种 TSNAs 含量与生物碱和硝态氮相关性

我国白肋烟的主要产区为四川达州、湖北恩施、云南大理和重庆万州,不同产区的气候、土壤、品种、栽培及晾制技术等因素不同,TSNAs 的含量也有较大差异。白肋烟的品种不同,其烟碱、TSNAs 含量存在明显差异。尤其是烟碱转化株的出现会导致烟叶 NNN 和 TSNAs 的含量较高,品种选育和改良被认为是降低烟草降烟碱、TSNAs 含量较为有效的手段。我国不同产区白肋烟主栽品种不同,对所有样品按品种进行分类,得出各主栽品种 TSNAs 及其前体物的含量,这对有针对性地采取措施抑制或减少 TSNAs 的形成有重要意义。

1. 不同白肋烟品种 TSNAs 及其前体物含量

我国不同产区白肋烟主栽品种的 TSNAs 含量及对应的生物碱和硝态氮含量如表 6-3 所示。结果表明,白肋烟各品种烟叶 TSNAs 含量有较大差异,鄂烟 1 号、鄂烟 3 号的含量较高,云白 1 号含量最低。鄂烟 1 号和鄂烟 3 号烟碱转化问题较为突出,降烟碱含量和烟碱转化率显著高于其他品种,这是其 NNN 含量和 TSNAs 含量较高的主要原因。

表 6-3 不同品种白肋烟间生物碱、硝态氮及 TSNAs 的比较

	指标	鄂烟 1 号	鄂烟 3 号	TN90	TN86	云白 1 号	达白 1 号	达白 2 号
生物碱 /%	烟碱	5.00	5.23	5.15	2.94	2.72	5.41	5.86
	降烟碱	0.63	0.77	0.12	0.11	0.23	0.11	0.11
	假木贼碱	0.04	0.05	0.04	0.04	0.02	0.04	0.05
	新烟草碱	0.21	0.20	0.17	0.12	0.13	0.16	0.16
	总碱	5.88	6.25	5.48	3.21	3.10	5.72	6.18
硝态氮 /(mg/kg)	NO₃-N	3172.31	1824.59	3323.45	3500.02	3352.43	2018.80	2961.53
	NO₂-N	2.03	1.93	2.05	2.19	2.12	2.50	2.25

续表

指标	鄂烟 1 号	鄂烟 3 号	TN90	TN86	云白 1 号	达白 1 号	达白 2 号
NNN	11.17	10.31	1.70	1.42	1.36	2.26	2.75
NAT	2.79	1.80	0.85	1.24	0.79	1.43	2.36
NAB	0.10	0.08	0.01	0.05	0.03	0.05	0.10
NNK	0.20	0.15	0.07	0.09	0.08	0.16	0.20
TSNAs	14.26	12.34	2.63	2.80	2.26	3.90	5.41

TSNAs /(μg/g)（左侧合并标头）

2. 不同品种 TSNAs 含量与前体物含量的关系

对不同品种白肋烟样品的 TSNAs 含量与生物碱和硝态氮含量进行相关分析，得到 TSNAs 与各前体物的相关系数，如表 6-4 所示。结果表明，烟叶 TSNAs 含量与降烟碱、新烟草碱含量呈极显著正相关关系，与烟碱转化率相关系数较高，表明烟碱转化程度与 TSNAs 含量增加有显著关系，TSNAs 含量与总碱含量也呈显著正相关，但与烟碱相关性不显著。NNN 与降烟碱相关性最高，与烟碱转化率的相关系数也达到极显著水平，表明烟碱转化导致降烟碱含量增高是 NNN 含量提高的直接原因，NNN 与总碱、新烟草碱含量也呈显著正相关，与硝态氮无相关性或呈负相关，说明硝态氮含量不是造成不同品种 TSNAs 含量差异的原因。

表 6-4 不同品种白肋烟 TSNAs 含量与生物碱、硝态氮含量的相关系数

指标	NNN	NAT	NAB	NNK	TSNAs
烟碱	0.36	0.55	0.45	0.67	0.41
降烟碱	0.95	0.50	0.51	0.38	0.92
假木贼碱	0.40	0.57	0.58	0.57	0.44
新烟草碱	0.88	0.66	0.52	0.60	0.88
总碱	0.86	0.36	0.40	0.22	0.81
烟碱转化率	0.86	0.36	0.40	0.22	0.81
NO_3-N	-0.40	-0.19	-0.28	-0.42	-0.38
NO_2-N	-0.57	-0.10	-0.08	0.17	-0.52

6.2 白肋烟和晒烟贮藏过程中 TSNAs 含量的变化

烟叶产自云南大理，品种为 TN96、TN90 和云白 1 号。烟叶去梗后，切成 3cm² 大小的碎片，充分混匀后打包，进行第 1 次取样后置于自然条件下贮藏，之后每隔 4 个月取样 1 次，每次取样后将所取样品在冰柜中于-6℃冷冻存放，1 年后把所有样品同时进行冷冻干燥，磨碎供 TSNAs 和有关化学成分含量测定。

6.2.1 贮藏过程中 NNK 含量的变化

将自然贮藏的白肋烟和晒烟每隔 4 个月定期取样，1 年后同时测定烟叶 NNK 的含量。

随着贮藏时间的增加，白肋烟和晒烟中的 NNK 含量均呈不断增加的趋势(图 6-1)，且在 2012-04-15～2012-08-15 增加达到显著水平，这个时期也正是温度较高的时期。

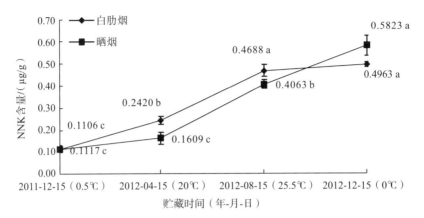

图 6-1   不同类型烟草中 NNK 含量比较

同系列标有不同小写字母表示组间差异有统计学意义($P < 0.05$)，下同

6.2.2   贮藏过程中 NNN 含量的变化

由图 6-2 可知，在贮藏过程中，白肋烟和晒烟中的 NNN 含量呈不断增加的趋势，但晒烟在一年贮藏中每 4 个月的增加量均未达到显著水平，白肋烟在 2011-12-15～2012-04-15 增长量很少，未达到显著水平，2012-04-15～2012-08-15、2012-08-15～2012-12-15 NNN 含量的增加量均达到显著水平，白肋烟 NNN 含量在贮藏期间的增加幅度远大于晒烟，这与所用的白肋烟烟碱转化率较高有关，烟碱转化导致降烟碱含量升高，更有利于 NNN 的形成。

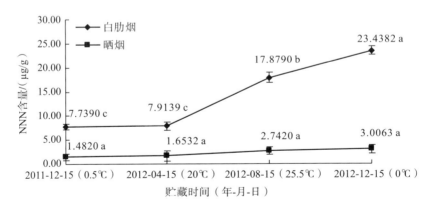

图 6-2   不同类型烟草中 NNN 含量比较

6.2.3   贮藏过程中 NAT、NAB 含量的变化

由图 6-3 可知，贮藏过程中白肋烟和晒烟中的 NAT 含量随贮藏时间均不断增加，增加幅度呈先小后增大再减小的趋势。2012-04-15～2012-08-15 增加量最大且均达到了显著

水平。此外，白肋烟中的 NAT 含量始终高于晒烟中的 NAT 含量。

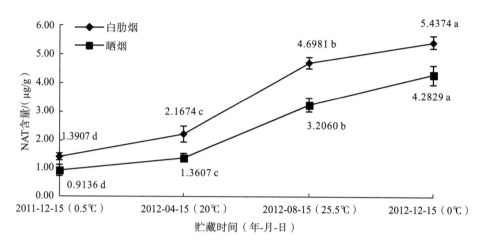

图 6-3　不同类型烟草中 NAT 含量比较

由图 6-4 可知，白肋烟在一年的贮藏期中每 4 个月的增加量均达到了显著水平，以 2012-04-15～2012-08-15 增加最为显著。晒烟中的 NAB 含量在 2011-12-15～2012-04-15 缓慢增加，未达到显著水平，在 2012-04-15～2012-08-15、2012-08-15～2012-12-15 的增加达到了显著水平，且在 2012-12-15 时白肋烟和晒烟中的 NAB 含量较接近。

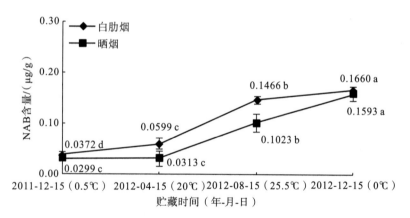

图 6-4　不同类型烟草中 NAB 含量比较

6.2.4　贮藏过程中总 TSNAs 含量的变化

烟叶中的总 TSNAs 含量变化趋势如图 6-5 所示，白肋烟和晒烟在 2011-12-15～2012-04-15 缓慢增加，增加量均未达到显著水平，在 2012-04-15～2012-08-15 迅速增加，增加量均达到显著水平，之后增速减缓。在贮藏期间，白肋烟的总 TSNAs 含量始终高于晒烟的总 TSNAs 含量，这一差异可能主要是 NNN 含量差异较大引起的。

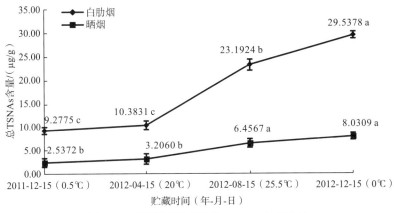

图 6-5　不同类型烟草中总 TSNAs 含量比较

经过一年的贮藏，烟叶中总 TSNAs 含量呈大幅增加趋势，在自然贮藏的前 4 个月，贮藏环境平均温度为 5.17℃，在 2012-04-15～2012-08-15 的第二个贮藏阶段，平均温度增加到 25.67℃，有 47d 的温度大于 27℃，而在此期间的白肋烟和晒烟的总 TSNAs 含量增加量均较显著，在随后 4 个月中，贮藏环境平均温度降为 15.94℃，仅有 2d 的日均温度超过了 27℃，在此期间白肋烟和晒烟的总 TSNAs 含量增幅明显降低（王瑞云等，2014；Shi et al.，2013）。

6.3　抑制白肋烟贮藏期间 TSNAs 形成的技术探索

近年来，烟草学界一直较为关注烟草的减害技术，尤其表现在研究如何降低白肋烟 TSNAs 的含量上。研究表明，白肋烟生物碱的含量及组成、硝态氮含量、栽培及调制措施等都与其 TSNAs 的形成密切相关。目前，国内外降低烟叶或烟气中 TSNAs 的技术主要沿着以下三条路线开展：一是通过控制氮肥形态和用量、选育优良品种，控制叶片中 TSNAs 的前体物生物碱、硝态氮的水平；二是改善烘烤工艺、调制方式，使用微波处理技术，减少或抑制 TSNAs 的形成；三是采用生物技术，或通过添加吸附材料和化学试剂等技术改良卷烟滤嘴降解或吸附已存在的 TNSAs。目前，对降低 TSNAs 的研究已经从卷烟产品的设计、加工工艺开展到了农艺和调制环节，尤其在原料生产上对 TSNAs 的控制已取得明显成效，但对于仓储醇化环节的关注还需要加强。

白肋烟的贮藏时期是 TSNAs 形成和积累的重要时期，在白肋烟的贮藏过程中，可以通过人为控制贮藏条件来减少 TSNAs 的形成，也可以通过添加亚硝酸盐还原剂、抗氧化剂、吸附剂等措施降低贮藏过程中 TSNAs 的形成。

6.3.1　氧化剂与抗氧化剂处理对高温贮藏烟叶中 TSNAs 形成的影响

大量的研究表明，烟草 TSNAs 的形成是一个氧化过程，烟叶中的内源抗氧化物质，如多酚类、维生素及类胡萝卜素类均可以影响氧化过程，抑制亚硝化反应的进行。在烟叶调制前采取一定措施提高烟叶的抗氧化性能抑制 TSNAs 的形成，如通过喷洒抗坏血酸、阿魏酸、亚硒酸钠和绿原酸等，提高烟叶的抗氧化性，从而抑制或减少 TSNAs 的形成。

1. 氧化剂对高温贮藏白肋烟 TSNAs 形成的影响

选取 TSNAs 含量较高的白肋烟上部叶，烟叶品种为 TN86，使用臭氧处理烟叶，设两个处理，每个处理为 20g 烟叶装在自封袋里，置于 35℃培养箱里贮藏 12d，用臭氧发生器制备臭氧通入自封袋处理烟叶，处理 1 为每天臭氧处理 6h，处理 2 为每天臭氧处理 12h，以不进行臭氧处理为对照。

由图 6-6 可知，高温贮藏的白肋烟与低温对照相比 TSNAs 明显增加。高温贮藏条件下，TSNAs 含量均随着臭氧处理时间的增加而增加。臭氧处理 12h/d 的白肋烟与 6h/d 相比，TSNAs 含量大幅升高。用臭氧处理过的白肋烟中 TSNAs 含量大幅度增加，并且随着臭氧处理时间的增加而增加。

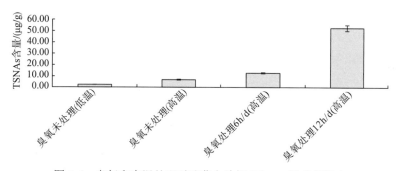

图 6-6 臭氧和高温处理对贮藏白肋烟 TSNAs 形成的影响

2. 抗氧化剂对高温贮藏白肋烟 TSNAs 形成的影响

抗氧化剂设置 7 个处理，每个处理称 20g 烟叶，分别喷清水(对照)、3%维生素 E(VE)溶液、3%维生素 C(VC)溶液、1%咖啡酸溶液、茶叶水、姜汁、猕猴桃汁，体积均为 10mL。将各处理的烟叶晾干后转移至玻璃闪烁计数瓶中置于 45℃培养箱贮藏 15d。

由图 6-7 可知，抗氧化剂处理的烟叶与对照相比，喷施 3% VC 的烟叶 NNN 含量最少，与对照有显著差异，抑制高温贮藏过程中白肋烟 NNN 形成的效果最好。此外，茶叶水、1%咖啡酸也有一定的抑制作用，但与对照相比无显著差异，其余处理抑制 NNN 形成的效果不明显。

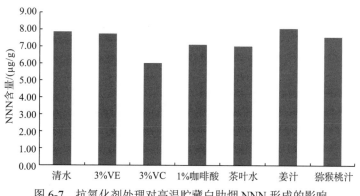

图 6-7 抗氧化剂处理对高温贮藏白肋烟 NNN 形成的影响

由图 6-8 可知,与对照相比,3%VC 溶液和 1%咖啡酸抑制高温贮藏过程中白肋烟 NAT 形成效果较好,与对照有显著差异,其余处理抑制 NAT 形成的效果不明显或无效果。

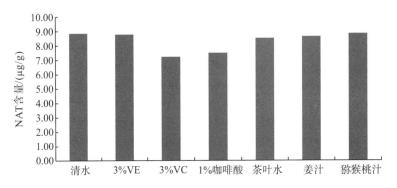

图 6-8   抗氧化剂处理对高温贮藏白肋烟 NAT 形成的影响

由图 6-9 可知,3%VC 溶液对于抑制高温贮藏过程中白肋烟 NAB 形成的效果最好,与对照有显著差异。其次是 1%咖啡酸和姜汁。除 3%VC 溶液以外,其余处理与对照相比无显著差异。

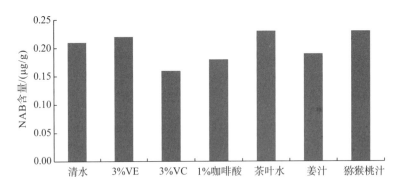

图 6-9   抗氧化剂处理对高温贮藏白肋烟 NAB 形成的影响

由图 6-10 可知,3%VC 溶液和 1%咖啡酸溶液抑制高温贮藏过程中 NNK 形成的效果较好,与对照存在显著差异。茶叶水效果次之。

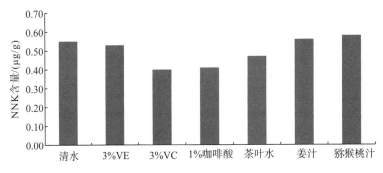

图 6-10   抗氧化剂处理对高温贮藏白肋烟 NNK 形成的影响

由图 6-11 可知，与对照相比，喷施 3%VC 溶液的白肋烟 TSNAs 含量最低，高温贮藏过程中形成量最少。其次为 1%咖啡酸，茶叶水也有一定效果，其余处理有微弱抑制 TSNAs 含量的作用或没有作用。

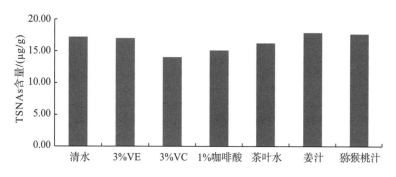

图 6-11　抗氧化剂处理对高温贮藏白肋烟 TSNAs 含量形成的影响

3. 不同浓度 VC 溶液处理对高温贮藏白肋烟 TSNAs 形成的影响

研究发现，3%VC 溶液对烟叶 TSNAs 含量的降低效果最显著，因此，对白肋烟中部叶设置 3 个处理，每个处理称 20g 烟叶，分别喷 10mL 清水、1%VC 溶液、3%VC 溶液，将各处理的烟叶晾干后转移至玻璃闪烁计数瓶中置于 45℃培养箱贮藏 15d。

由图 6-12 和图 6-13 可知，用 VC 溶液处理过的白肋烟中 TSNAs 含量均低于对照，用 1%VC 溶液处理的烟叶中 TSNAs 含量大于用 3%VC 溶液处理的烟叶中 TSNAs 含量。

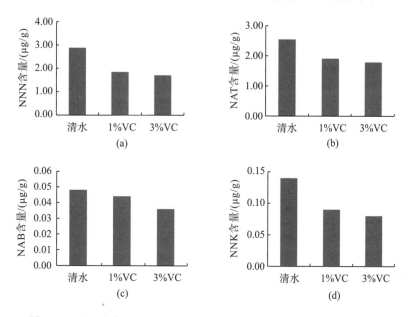

图 6-12　不同浓度 VC 溶液处理对高温贮藏白肋烟 TSNAs 形成的影响

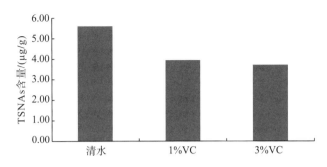

图 6-13　VC 处理对高温贮藏白肋烟 TSNAs 含量的影响

6.3.2　纳米材料对高温贮藏烟叶中 TSNAs 形成的影响

纳米材料因其具有较大的比表面积和吸附容量，被广泛应用于催化剂和吸附载体中，许多研究表明纳米材料能够高选择性地去除卷烟中的 TSNAs。

将 0.1g、0.2g、0.3g、0.5g、1.0g 的纳米二氧化硅分别添加到 5 个等量 20g 的白肋烟样品中，充分混合均匀后，置于恒温恒湿培养箱中进行处理，温度设定 50℃，相对湿度 60%，处理 15d，以不添加纳米材料的白肋烟样品为对照。

由图 6-14 可知，添加不同比例的纳米材料后 NNN 含量存在较大差异。当纳米材料添加量较低（为 0.5% 和 1.0%）时，NNN 的含量与对照相比降低幅度较小；当添加比例增加到 2.5% 时，白肋烟贮藏过程 NNN 含量明显下降，添加比例增大到 5% 时，纳米材料的吸附作用增强，NNN 的含量较对照降低了约 60%。

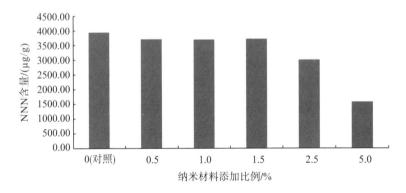

图 6-14　添加纳米材料对白肋烟高温贮藏过程中 NNN 的影响

由图 6-15 可知，纳米材料添加比例为 0.5% 时几乎没有吸附作用，NAT 含量与对照相近；添加比例为 1.5% 时，吸附作用较弱；添加比例为 2.5% 和 5.0% 时，吸附作用逐渐增强，其中以添加比例为 5.0% 时效果最佳，NAT 含量减少了 55.1%。

由图 6-16 可知，添加不同比例的纳米材料 NAB 含量存在较大差异，无明显的变化规律。当添加比例为 5% 时，NAB 含量最低，与对照相比 NAB 含量下降了 49.4%。

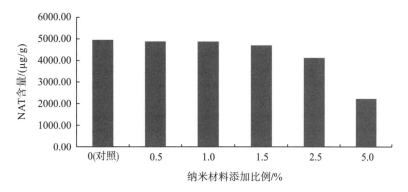

图 6-15   添加纳米材料对白肋烟高温贮藏过程中 NAT 的影响

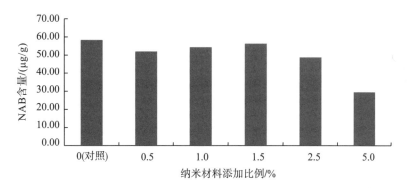

图 6-16   添加纳米材料对白肋烟高温贮藏过程中 NAB 的影响

由图 6-17 可知，添加不同比例的纳米材料后 NNK 含量存在较大差异，添加比例为 2.5% 和 5.0% 时，纳米材料的吸附作用增强，以浓度为 5.0% 时效果最佳，NNK 含量较对照减少了约 57%。

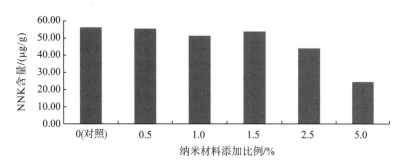

图 6-17   添加纳米材料对白肋烟高温贮藏过程中 NNK 的影响

研究结果表明，添加纳米材料对白肋烟高温贮藏过程中总 TSNAs 含量具有明显的抑制作用 (图 6-18)，总 TSNAs 含量随纳米材料添加比例的增加整体呈降低趋势。添加比例为 0.5% 时几乎没有吸附作用，总 TSNAs 含量与对照相近。当添加比例为 2.5% 和 5.0% 时，纳米材料的吸附作用增强，其中以添加比例为 5.0% 时效果最佳，总 TSNAs 含量较对照降低了约 57%，这说明添加适宜的纳米材料对白肋烟贮藏过程中总 TSNAs 含量具有明显的抑制作用(王俊，2017)。

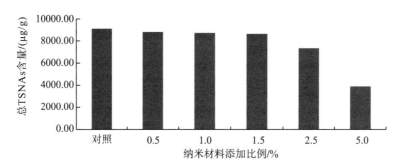

图 6-18　添加纳米材料对白肋烟高温贮藏过程中 TSNAs 的影响

第7章 氨基酸含量及影响因素

氨基酸是烟草中一类重要的化合物，与烟草品质有密切的关系，它既是蛋白质和烟碱合成的原料，也是蛋白质和糖类化合物的中间产物，在烟草的生长、调制、工业加工直至抽吸过程中都起着十分重要的作用。在烟叶的调制和醇化过程中，氨基酸与还原糖(或羰基化合物)之间发生酶催化及非酶催化的棕色化反应，生成多种具有烟草香味特征的吡嗪、吡咯、吡啶类等杂环化合物，它们不但赋予烟气烤焙香、坚果香和甜焦糖味，而且使烟量感增加，尤其是呋喃类成分，对烟气的香味有重要作用。某些氨基酸(如芳香族氨基酸)还可以降解产生香味化合物，如苯甲醇、苯乙醇等，这些成分对烟草的香味具有重要影响。氨基酸含量与生物碱的合成密切相关，与烟碱合成有关的氨基酸有谷氨酸、脯氨酸、鸟氨酸、天冬氨酸、赖氨酸、精氨酸等。因此，烟叶香气质的优劣和香气量的多少与氨基酸的组成及含量有密切关系。从总氨基酸含量来看，若氨基酸含量太大，则烟气辛辣、味苦，并且刺激性强烈，这是由于在燃烧过程中氨基酸通常生成 NH_3 等含氮化合物，个别氨基酸还产生 HCN 等危害性烟气成分；若氨基酸含量太小，则烟气平淡无味，缺少丰满度。烟叶中氨基酸的组成是多种因素综合作用的结果，烟草的遗传背景、农艺栽培措施、调制方式等对氨基酸的组成和含量均有重要影响。深入研究不同类型烟叶氨基酸的组成和含量、烟叶调制过程中各氨基酸含量变化动态、不同栽培和调制方式对氨基酸含量的影响，阐明造成不同类型烟叶氨基酸含量差异的原因，对采取有效措施优化烟叶化学成分组成，促进优质烟叶生产具有重要意义。

7.1 不同类型烟草氨基酸组成和含量的差异分析

作为烟草中的一类重要化合物，氨基酸对烟叶的香味品质有重要贡献。近年来，国内外已有较多学者对氨基酸含量在烟叶成熟、调制、陈化过程中的变化进行了较为系统的研究，在不同游离氨基酸组成和含量对香气量影响方面的研究也有一定进展。史宏志等(1997)研究了不同施氮量和氮素来源条件下氨基酸含量的变化及其与烟叶感官评吸的关系，得出氨基酸对香味的贡献率。杨德廉等(1999)和王树声等(2002)的研究也表明多种烟草游离氨基酸与烟叶内在质量及香吃味显著相关。四川省烟草资源丰富，类型齐全，研究不同类型烟草化学成分的差异性，对于分析烟叶化学成分对香味风格差异的影响有重要意义。本节着重探索不同类型烟草氨基酸组成和含量的差异，并讨论其与不同风格烟叶形成的关系，为混合型卷烟配方发展和加香加料提供依据(赵田等，2011；赵田，2012)。

试验所测样品除白肋烟包括云南大理样品外，其他均为 2008 年四川生产。烟叶样品均为调制后上二棚烟叶，样品和产区分别为：烤烟(四川凉山)、白肋烟(四川达州、云南大理)、香料烟(四川攀枝花)、马里兰烟(四川达州)、毛烟(四川乐山、四川万源)、糊米烟(四川什邡)、巫烟(四川达州)和兰花烟(四川万源),样品来自各产区的调制后烟叶。

7.1.1 不同类型烟草氨基酸组成分析

从表 7-1 可以看出,不同类型烟草在氨基酸组成与含量上有较大差异。总氨基酸含量表现为晒烟最高,烤烟最低。白肋烟、马里兰烟、晒烟中含量较高的氨基酸为天冬氨酸和谷氨酸;烤烟和香料烟中含量较高的两种氨基酸为脯氨酸和谷氨酸。

表 7-1　不同类型烟草氨基酸含量　　　　　　　　　　　　　(单位:mg/g)

氨基酸	烤烟	白肋烟		香料烟	马里兰烟	地方晒烟				
		四川	云南			万源毛烟	乐山毛烟	糊米烟	巫烟	兰花烟
天冬氨酸	0.70	2.10	3.88	0.94	1.92	1.48	2.58	2.34	3.59	2.82
苏氨酸	0.26	0.40	0.40	0.30	0.42	0.46	0.36	0.58	0.46	0.49
丝氨酸	0.29	0.43	0.42	0.36	0.48	0.51	0.47	0.62	0.56	0.57
谷氨酸	0.82	1.14	1.30	1.31	1.04	1.37	1.16	1.54	1.63	1.78
脯氨酸	1.50	0.40	0.40	2.04	0.44	0.46	0.60	0.68	0.90	1.14
甘氨酸	0.32	0.50	0.50	0.38	0.58	0.59	0.46	0.76	0.59	0.62
丙氨酸	0.43	0.44	0.52	0.52	0.51	0.52	0.44	0.70	0.61	0.68
缬氨酸	0.30	0.40	0.44	0.36	0.47	0.48	0.39	0.62	0.50	0.54
甲硫氨酸	0.03	0.04	0.06	0.03	0.03	0.06	0.06	0.10	0.05	0.06
异亮氨酸	0.24	0.34	0.35	0.26	0.37	0.41	0.31	0.53	0.40	0.45
亮氨酸	0.44	0.58	0.64	0.50	0.66	0.71	0.57	0.92	0.74	0.84
酪氨酸	0.16	0.19	0.24	0.20	0.19	0.27	0.20	0.36	0.26	0.32
苯丙氨酸	0.29	0.42	0.51	0.37	0.45	0.46	0.50	0.65	0.66	0.63
组氨酸	0.42	0.56	0.52	0.55	0.60	0.56	0.48	0.56	0.56	0.56
赖氨酸	0.30	0.46	0.50	0.28	0.51	0.45	0.42	0.52	0.53	0.56
精氨酸	0.24	0.34	0.40	0.26	0.36	0.40	0.30	0.53	0.42	0.50
合计	6.74	8.74	11.08	8.66	9.03	9.19	9.30	12.01	12.46	12.56

不同地区的白肋烟相比较,云南白肋烟总氨基酸含量高于四川白肋烟。除苏氨酸、脯氨酸、甘氨酸、丝氨酸和组氨酸外,其他氨基酸云南白肋烟含量均大于四川白肋烟。在晒烟中,总氨基酸含量以兰花烟最高,万源毛烟最低。

7.1.2 不同类型烟草氨基酸变异度分析

从综合分析结果(表 7-2)可以看出,各氨基酸在不同类型烟草中含量变幅差异(极差)较大,表明烟叶的氨基酸含量与烟草的类型、基因型、生态环境密切相关。从平均值来看,烟草氨基酸含量较高的有天冬氨酸、谷氨酸和脯氨酸。

表 7-2　不同类型烟草氨基酸含量差异分析　　　　　　　　（单位：mg/g）

氨基酸	平均值	标准差	变幅	极差
天冬氨酸	2.24	1.04	0.70～3.88	3.18
苏氨酸	0.41	0.09	0.26～0.58	0.32
丝氨酸	0.47	0.10	0.29～0.62	0.33
谷氨酸	1.31	0.29	0.82～1.78	0.96
脯氨酸	0.86	0.55	0.40～2.04	1.64
甘氨酸	0.53	0.13	0.32～0.76	0.44
丙氨酸	0.54	0.10	0.43～0.70	0.27
缬氨酸	0.45	0.09	0.30～0.62	0.32
甲硫氨酸	0.05	0.02	0.03～0.10	0.07
异亮氨酸	0.37	0.09	0.24～0.53	0.29
亮氨酸	0.66	0.15	0.44～0.92	0.48
酪氨酸	0.24	0.06	0.16～0.36	0.20
苯丙氨酸	0.49	0.12	0.29～0.66	0.37
组氨酸	0.54	0.05	0.42～0.60	0.18
赖氨酸	0.45	0.10	0.28～0.56	0.28
精氨酸	0.38	0.10	0.24～0.53	0.29

7.1.3　不同类型烟叶味觉氨基酸含量比较

一般认为，大多数氨基酸都有一定的味感，不同氨基酸的味感不同，且对味觉产生影响，食品工业上已有大量不同氨基酸对食品风格特色形成影响的研究。对能使味觉产生优越感的氨基酸进行分类，可将氨基酸分为鲜味类、甜味类和芳香类。

由表 7-3 可知，鲜味类氨基酸总量以巫烟、云南白肋烟较高，分别为 5.22mg/g、5.18mg/g，香料烟与烤烟含量较低，分别仅为 2.08mg/g 与 1.52mg/g，这主要是由于香料烟与烤烟中缺乏天冬氨酸。晒烟中甜味类氨基酸含量兰花烟最高，乐山毛烟含量最低。晒烟中芳香类氨基酸含量糊米烟最高，为 1.01mg/g，其次为兰花烟、巫烟，乐山毛烟最低。

表 7-3　不同类型烟草味觉氨基酸含量组成　　　　　　　　（单位：mg/g）

类型	氨基酸	烤烟	白肋烟		香料烟	马里兰烟	地方晒烟				
			四川	云南			万源毛烟	乐山毛烟	糊米烟	巫烟	兰花烟
鲜味类	天冬氨酸	0.70	2.10	3.88	0.94	1.92	1.48	2.58	2.34	3.59	2.82
	谷氨酸	0.82	1.14	1.30	1.14	1.04	1.37	1.16	1.54	1.63	1.78
	合计	1.52	3.24	5.18	2.08	2.96	2.85	3.74	3.88	5.22	4.60
甜味类	丙氨酸	0.43	0.44	0.52	0.52	0.51	0.52	0.44	0.70	0.61	0.68
	甘氨酸	0.32	0.50	0.50	0.38	0.58	0.59	0.46	0.76	0.59	0.62
	脯氨酸	1.50	0.40	0.40	2.04	0.44	0.46	0.60	0.68	0.90	1.14

类型	氨基酸	烤烟	白肋烟		香料烟	马里兰烟	地方晒烟				
			四川	云南			万源毛烟	乐山毛烟	糊米烟	巫烟	兰花烟
甜味类	丝氨酸	0.29	0.43	0.42	0.36	0.48	0.51	0.47	0.62	0.56	0.57
	合计	2.54	1.77	1.84	3.30	2.01	2.08	1.97	2.76	2.66	3.01
芳香类	苯丙氨酸	0.29	0.42	0.51	0.37	0.45	0.46	0.50	0.65	0.66	0.63
	酪氨酸	0.16	0.19	0.24	0.20	0.19	0.27	0.20	0.36	0.26	0.32
	合计	0.45	0.61	0.75	0.57	0.64	0.73	0.70	1.01	0.92	0.95

7.2　白肋烟晾制期氨基酸含量动态变化

晾制是白肋烟生产的重要环节，烟叶中的大分子化合物(如萜烯类、萜醇类、酯类、脂类、酚类等)在晾制过程中逐渐降解形成挥发性香气物质，对烟气香味的形成贡献很大。研究表明，晾制后烟叶中不同游离氨基酸含量呈现不同的变化，谷氨酸、苯丙氨酸等氨基酸含量减少，天冬氨酸等则增加，最终调制后氨基酸总量下降，但关于各游离氨基酸含量在不同晾制阶段动态变化的研究较少。本节将探讨白肋烟在晾制期间烟叶氨基酸含量的动态变化，为生产上采取有效措施调控烟叶氨基酸含量，促进优质烟叶生产提供理论依据。

研究以白肋烟 TN90 为材料，系统分析了烟叶在晾制前后和晾制过程中氨基酸含量和比例的变化。试验于 2012 年在云南大理进行，移栽密度为 16500 株/hm²，施氮量为 240kg/hm²，按生产技术规范田间管理。采用全株采收晾制方式，打顶后 4 周采收，在田间选取 100 株代表性烟株装入晾房，从采收当天开始，每隔 7d 取一次样，取样时间分别为 0d、7d、14d、21d、28d、35d，测定各样品氨基酸含量(赵田，2012)。

7.2.1　晾制期白肋烟总氨基酸含量的动态变化

从图 7-1 可以看出，总氨基酸含量在晾制过程中总体呈先上升后下降的趋势，在 14d 时达到最大，为 156.68mg/g，14~28d 总氨基酸含量显著下降，在 28d 时含量达到最低值 (72.32mg/g)，在 35d 时，氨基酸含量又微升至 73.80mg/g。

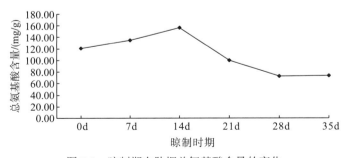

图 7-1　晾制期白肋烟总氨基酸含量的变化

7.2.2 晾制期白肋烟天冬氨酸、谷氨酸、酪氨酸和苯丙氨酸含量的动态变化

从图7-2可以看出,天冬氨酸的含量随晾制过程的推进呈先上升后下降再上升的趋势,晾制前含量为9.50mg/g,在0~14d时天冬氨酸含量升幅最大,晾制14d时达到最大值,为28.16mg/g,此后逐渐下降,28d后又开始缓慢升高,在35d晾制结束时含量为23.73mg/g,晾制后含量约是采收当天的2.5倍,说明白肋烟中天冬氨酸含量最高是其在晾制期显著增加的结果。谷氨酸的含量在晾制前为12.10mg/g,随着晾制过程的推进呈先上升后下降的单峰曲线,也在晾制14d时达到最大值,后逐渐下降到7.40mg/g。酪氨酸含量在晾制前为16.39mg/g,在晾制中一直呈降低趋势,在14d~21d时下降最快,在28d~35d时趋于平稳。苯丙氨酸含量在晾制前为5.87mg/g,晾制中呈先上升后下降趋势,但差异不大,在14d时达到最大值,后降到3.38mg/g。

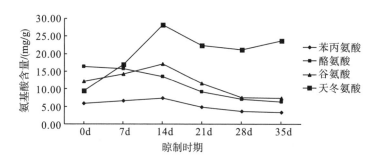

图7-2 晾制期白肋烟天冬氨酸、谷氨酸、酪氨酸和苯丙氨酸含量的变化

7.2.3 晾制期白肋烟精氨酸、丙氨酸、脯氨酸和甲硫氨酸含量的动态变化

从图7-3可以看出,脯氨酸的含量随晾制过程的推进呈先上升后下降趋势,在晾制前,脯氨酸含量为15.18mg/g,晾制14d时达到最大值,为19.68mg/g,14d后含量显著下降。甲硫氨酸和丙氨酸的含量均在晾制7d时达到最大值,分别为12.84mg/g和9.97mg/g,随后也逐渐减少。精氨酸含量也呈单峰曲线变化,在14d时最高,为9.60mg/g,随后到35d晾制结束时降到3.59mg/g。

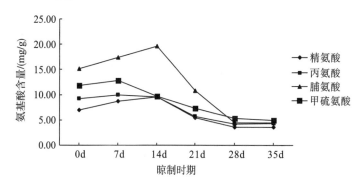

图7-3 晾制期白肋烟精氨酸、丙氨酸、脯氨酸和甲硫氨酸含量的变化

7.2.4　晾制期白肋烟组氨酸、赖氨酸、亮氨酸和甘氨酸含量的动态变化

从图 7-4 可以看出，甘氨酸含量在晾制前为 10.07mg/g，晾制进程中呈先上升后下降再上升趋势，7d 时达到最大值，随后大幅度下降，在 28d 后含量又稍有增加。

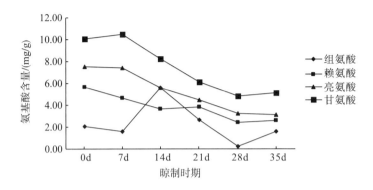

图 7-4　晾制期白肋烟组氨酸、赖氨酸、亮氨酸和甘氨酸含量的变化

7.2.5　晾制期白肋烟异亮氨酸、丝氨酸、缬氨酸和苏氨酸含量的动态变化

从图 7-5 可以看出，苏氨酸含量在晾制的 7～14d 出现大幅上升，在 14～21d 又迅速下降，在 21～35d 含量趋于平稳。缬氨酸含量在晾制 0～14d 时缓慢增加，在 14d 时达到最大值，在 14～35d 含量逐渐降低。

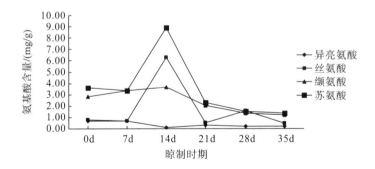

图 7-5　晾制期白肋烟异亮氨酸、丝氨酸、缬氨酸和苏氨酸含量的变化

7.2.6　晾制期白肋烟各氨基酸比例的变化

对 16 种氨基酸分析结果(表 7-4)表明，晾制过程中，总体上看，天冬氨酸所占比例呈显著上升趋势。

表 7-4　烟叶晾制过程中各氨基酸比例的变化 (%)

氨基酸	晾制期取样时间					
	0d	7d	14d	21d	28d	35d
天冬氨酸	7.90	12.61	17.97	22.45	29.31	32.15
谷氨酸	10.06	10.62	10.94	11.59	10.39	10.03
丝氨酸	0.67	0.52	4.02	0.52	2.17	0.64
甘氨酸	8.37	7.75	5.24	6.15	6.69	6.96
组氨酸	1.69	1.18	3.55	2.67	0.31	2.14
精氨酸	5.81	6.48	6.13	5.47	4.94	4.86
苏氨酸	2.99	2.48	5.68	2.31	2.10	1.83
丙氨酸	7.69	7.40	6.14	5.76	5.91	5.89
脯氨酸	12.61	12.93	12.56	10.94	6.21	6.02
缬氨酸	2.36	2.49	2.33	2.08	1.85	1.64
甲硫氨酸	9.85	9.53	6.16	7.43	7.36	6.79
异亮氨酸	0.56	0.49	0.08	0.33	0.27	0.28
亮氨酸	6.27	5.49	3.57	4.49	4.50	4.24
酪氨酸	13.62	11.66	8.63	9.15	9.66	8.47
苯丙氨酸	4.87	4.92	4.66	4.80	5.01	4.54
赖氨酸	4.68	3.45	2.34	3.86	3.32	3.52

7.3　调制方式对白肋烟调制前后氨基酸含量的影响

在白肋烟的晾制过程中,氨基酸成分变化较大,苯丙氨酸等芳香族类氨基酸降解产生的中性香气物质对烟叶的香气有很大的贡献。不同调制设备、调制温度、调制湿度及调制时间对烟叶常规化学成分均有显著影响。研究表明,调制过程与烟叶的品质有着密切的关系,正确的调制方式能够显著地彰显烟叶的品质特色。目前对烟叶调制的研究多集中在同一烟草类型不同调制措施对烟叶品质的影响,而不同调制方式相结合对烟叶品质的影响研究较少,探索不同调制方式下白肋烟调制前后氨基酸含量的变化,可以彰显烟叶的不同风格特色,对促进优质烟叶生产具有重要意义(Shi et al., 2012;赵田,2012)。

试验于 2012 年在云南大理进行,采用大田试验方式,品种为当地主栽品种白肋烟 TN90。试验地地势平坦,土壤质地为壤土,肥力水平中等。氮素水平:白肋烟常规施氮量。调制水平:常规晾制、烘烤。各处理烟叶成熟后分别调制,并取样测定氨基酸含量。

从表 7-5 可以看出,在不同调制方式下,天冬氨酸含量均显著增加,晾制和烘烤后的含量差异不大,增幅分别为 323.00%和 313.59%,说明白肋烟天冬氨酸含量的增加和调制方式无关。组氨酸含量的变化规律和天冬氨酸相似,晾制和烘烤后增幅分别为 150.32%和 180.25%。脯氨酸含量在不同调制方式下变化不同,晾制后脯氨酸含量降低 36.42%,而烘烤后脯氨酸含量增加 60.33%,说明调制方式极大地影响了脯氨酸含量的变化。

表 7-5   不同调制方式下白肋烟调制后氨基酸含量变化   (单位：mg/g)

氨基酸	调制前	晾制后	烘烤后
天冬氨酸	8.39	35.49	34.70
谷氨酸	12.90	10.02	11.70
丝氨酸	0.85	0.61	0.72
甘氨酸	10.36	3.70	4.31
组氨酸	1.57	3.93	4.40
精氨酸	6.64	3.30	4.39
苏氨酸	4.34	3.21	4.69
丙氨酸	9.14	3.61	4.30
脯氨酸	15.10	9.60	24.21
缬氨酸	2.74	0.82	1.10
甲硫氨酸	12.07	2.20	4.18
异亮氨酸	0.71	0.43	0.70
亮氨酸	8.00	2.02	2.67
酪氨酸	17.22	4.33	6.42
苯丙氨酸	7.86	5.00	6.80
赖氨酸	5.54	2.20	2.70
总氨基酸	123.43	90.47	117.99

7.4   施氮量对白肋烟氨基酸含量的影响

　　白肋烟是一类需氮量很大的烟叶，适时、适量精准施肥，充分满足烟株生长对氮素的需求，是提高白肋烟产量和质量的有效途径。研究表明，在一定范围内，随着施氮量的增加，烟叶的产量和烟叶的等级相应增加。史宏志等(1997)对不同氮营养烟叶氨基酸的含量进行了研究，结果显示，烟叶总氨基酸含量随施氮量的增加而增加，而随有机氮的增加而下降。目前国内外有关施氮量对烤烟产量影响的研究较多，而对白肋烟的报道却较少。为此，本节设置施氮量对白肋烟氨基酸含量的影响试验，旨在为生产上确定最佳施氮量、提高白肋烟的质量提供理论依据(赵田，2012)。

　　试验于 2011 年 5～9 月在云南大理进行，供试土壤为紫砂土，供试品种为 TN86，供试肥料为硝酸铵、硫酸钾、烟草专用复合肥(N：P_2O_5：$K_2O = 15$：15：15)。采用单因素试验，按照施入化肥纯氮量的不同设置 4 个处理，分别是 180kg/hm^2、225kg/hm^2、270kg/hm^2、315kg/hm^2，对应记为处理 N_1、N_2、N_3、N_4。试验每个处理重复 3 次，小区面积为 72m^2。试验烟株于 5 月 5 日移栽，行株距为 1.1m×0.55m，烟苗移栽 75d 后打顶，成熟后整株采收晾制。

　　按试验处理从各小区选有代表性的植株，在采收当天和晾制结束时对各处理分别取样进行氨基酸含量测定。

7.4.1　施氮量对晾制前白肋烟氨基酸含量的影响

由表 7-6 可知，在不同施氮量下各氨基酸含量表现出差异性，多数氨基酸的含量随着施氮量的增加呈现先上升后下降的趋势，且在施氮量为 270kg/hm² 时含量最大，当施氮量增加到 315kg/hm² 时，含量又有所降低，且施氮量为 225kg/hm² 和施氮量为 315kg/hm² 时差异不大。丝氨酸含量在施氮量为 315kg/hm² 时达到最大值，而在施氮量为 270kg/hm² 时最低。组氨酸和苯丙氨酸含量的最大值出现在施氮量为 225kg/hm² 时，此后随施氮量的增加而下降，组氨酸含量在施氮量为 315kg/hm² 时最小，苯丙氨酸含量则在施氮量为 180kg/hm² 时最小。总氨基酸含量以施氮量为 270kg/hm² 时最大，此后再提高施氮量也不能提高烟叶的氨基酸含量。

表 7-6　施氮量对白肋烟晾制前氨基酸含量的影响　　　　　　　　（单位：mg/g）

氨基酸	N_1	N_2	N_3	N_4
天冬氨酸	9.43	10.45	11.07	10.40
谷氨酸	13.53	15.62	17.24	16.15
丝氨酸	2.83	2.75	2.24	2.92
甘氨酸	11.82	12.87	13.81	12.96
组氨酸	1.67	1.86	1.78	1.59
精氨酸	8.35	9.39	9.90	9.14
苏氨酸	3.60	3.97	4.35	3.93
丙氨酸	10.75	12.31	12.82	11.45
脯氨酸	14.42	16.58	21.71	20.16
缬氨酸	3.32	3.85	4.11	3.70
甲硫氨酸	13.52	15.52	16.40	14.88
异亮氨酸	0.75	0.94	0.97	0.85
亮氨酸	8.40	9.54	10.02	9.07
酪氨酸	18.41	20.85	22.36	20.40
苯丙氨酸	6.66	8.64	8.12	8.16
赖氨酸	6.35	7.47	7.80	6.68
总氨基酸	133.81	152.61	164.70	152.44

7.4.2　施氮量对晾制后白肋烟氨基酸含量的影响

从表 7-7 可以看出，施氮量对晾制后白肋烟氨基酸含量的影响与对晾制前烟叶的影响基本一致，大多数氨基酸含量都随施氮量的增加呈先上升后下降的趋势，在施氮量为 270kg/hm² 时达到最大，在施氮量为 315kg/hm² 时，氨基酸含量又有所下降，总氨基酸含量为 $N_3 > N_2 > N_4 > N_1$。

表 7-7　施氮量对白肋烟晾制后氨基酸含量的影响　　　　　　　　　　（单位：mg/g）

氨基酸	N_1	N_2	N_3	N_4
天冬氨酸	24.86	30.40	37.26	29.47
谷氨酸	11.10	11.44	12.20	10.90
丝氨酸	2.36	2.29	2.55	2.64
甘氨酸	6.50	6.63	7.33	7.12
组氨酸	2.45	2.93	2.84	2.73
精氨酸	4.78	4.98	5.34	4.95
苏氨酸	1.65	1.65	1.74	1.72
丙氨酸	5.31	5.55	6.43	5.75
脯氨酸	6.43	5.39	5.91	6.27
缬氨酸	1.63	1.87	1.86	1.75
甲硫氨酸	6.57	7.04	7.40	6.90
异亮氨酸	0.22	0.29	0.20	0.20
亮氨酸	3.98	4.21	4.43	4.33
酪氨酸	8.33	9.18	9.41	8.81
苯丙氨酸	4.87	5.26	5.98	5.52
赖氨酸	2.82	3.13	3.23	3.04
总氨基酸	93.86	102.24	114.11	102.10

参 考 文 献

陈江华, 刘建利, 李志宏, 等. 2008. 中国植烟土壤及烟草养分综合管理[M]. 北京: 科学出版社.

靳双珍. 2010. 基追肥比例和追肥时期对白肋烟产量和品质的影响[D]. 郑州: 河南农业大学.

靳双珍, 刘国顺, 闫新甫, 等. 2010. 白肋烟干物质和氮素营养田间积累动态与基追比和追肥时期的关系[J]. 江西农业大学学报, 32(1): 20-24.

李超, 谢子发, 史宏志, 等. 2008. 不同白肋烟品种烟碱转化株率及转化株间分布[J]. 华北农学报, 23(4): 163-167.

沈广材, 史宏志, 杨程, 等. 2011. 灌溉方式与灌水量对白肋烟生长发育和水分利用率的影响[J]. 烟草科技, 1: 66-69.

史宏志. 2013. 烟草烟碱向降烟碱转化[M]. 北京: 科学出版社.

史宏志, 刘国顺. 2016. 浓香型特色优质烟叶形成的生态基础[M]. 北京: 科学出版社.

史宏志, 张建勋. 2004. 烟草生物碱[M]. 北京: 中国农业出版社.

史宏志, 徐发华, 杨兴有, 等. 2012. 不同产地和品种白肋烟烟草特有亚硝胺与前体物关系[J]. 中国烟草学报, 18(5): 9-15.

史宏志, 沈广材, 谢子发, 等. 2009. 白肋烟生育过程中矿质元素和烟碱含量动态变化[J]. 中国生态农业学报, 17(4): 686-689.

史宏志, 李超, 谢子发, 等. 2008. 白肋烟不同品种和叶位叶片生物碱和总氮含量的差异[J]. 西南农业学报, 21(4): 979-984.

史宏志, 李进平, 范艺宽, 等. 2007a. 我国不同类型烟叶烟碱转化株的比例和转化程度分布[J]. 中国烟草学报, 13(1): 25-30.

史宏志, 李进平, 李宗平, 等. 2007b. 白肋烟杂交种烟碱转化性状的改良[J]. 河南农业大学学报, 41(1): 21-24.

史宏志, 刘昉, Bush L P. 2006. 白肋烟叶片、主脉及不同叶位间烟碱转化率的差异[J]. 河南农业大学学报, 40(6): 592-596.

史宏志, 李进平, Bush L P, 等. 2005a. 白肋烟杂交种及亲本烟碱转化株的鉴别[J]. 中国烟草学报, 11(4): 28-31.

史宏志, 李进平, Bush L P, 等. 2005b. 烟碱转化率与卷烟感官评吸品质和烟气 TSNA 含量的关系[J]. 中国烟草学报, 11(2): 9-14.

史宏志, Bush L P, Krauss M. 2004. 烟碱向降烟碱转化对烟叶麦斯明和 TSNA 含量的影响[J]. 烟草科技, 10: 27-30.

史宏志, Bush L P, 黄元炯, 等. 2002. 我国烟草及其制品中烟草特有亚硝胺含量及与前体物的关系[J]. 中国烟草学报, 8(1): 14-19.

史宏志, 黄远炯, 刘国顺, 等. 2001. 我国烟草卷烟生物碱含量和组成比例分析[J]. 中国烟草学报, 7(2): 8-12.

史宏志, 韩锦峰, 刘国顺, 等. 1997. 不同氮素营养的烟叶氨基酸含量与香吃味品质的关系[J]. 河南农业大学学报, 31(4): 319-322.

孙红恋. 2014. 宾川白肋烟适宜产量水平和产量结构研究[D]. 郑州: 河南农业大学.

孙红恋, 史宏志, 孙军伟, 等. 2013. 留叶数对白肋烟叶片物理特性及化学成分含量的影响[J]. 河南农业大学学报, 47(1): 21-25.

杨德廉, 李更新, 王树声. 1999. 烟叶中游离氨基酸与化学成分派生值之间的关系[J]. 中国烟草科学, 2: 36-41.

杨兴有, 史宏志, 秦艳青, 等. 2015. 达州烟区生态因素与白肋烟质量特点分析[J]. 中国烟草学报, 21(3): 65-71.

王俊. 2017. 烟叶贮藏过程中 TSNAs 的形成机理及抑制技术研究[D]. 郑州: 河南农业大学.

王瑞云, 史宏志, 周骏, 等. 2014. 烟草贮藏过程中 TSNAs 含量变化及对高温处理的响应[J]. 中国烟草学报, 20(1): 48-53.

王树声, 王宝华, 李雪震, 等. 2002. 烤烟烟叶中游离氨基酸与内在质量关系的研究[J]. 中国烟草科学, 4: 4-7.

吴疆. 2014. 气候条件对四川白肋烟质量特色的影响[D]. 郑州: 河南农业大学.

吴疆, 杨兴有, 靳冬梅, 等. 2014a. 不同移栽期对四川白肋烟各生育阶段气候指标及其主要化学成分的影响[J]. 河南农业大学学报, 48(4): 420-424.

吴疆, 杨兴有, 靳冬梅, 等. 2014b. 调节移栽期对四川达州白肋烟生育期气候指标的影响[J]. 中国烟草科学, 35(2): 83-87.

张广东. 2015. 改变调制方式对烟叶化学成分及感官质量的影响[D]. 郑州: 河南农业大学.

张广东, 徐成龙, 史宏志. 2015a. 不同调试方法和施氮量下烤烟和白肋烟糖含量差异分析[J]. 河南农业科学, 44(9): 28-31.

张广东, 史宏志, 杨兴有, 等. 2015b. 烤烟和白肋烟互换调制方法对烟叶中性香气物质含量及感官质量的影响[J]. 中国烟草学报, 21(4): 34-39.

赵田. 2012. 不同栽培和调制措施对白肋烟和烤烟氨基酸含量的影响[D]. 郑州: 河南农业大学.

赵田, 史宏志, 姬小明, 等. 2011. 不同类型烟草游离氨基酸组成和含量的差异分析[J]. 中国烟草学报, 17(2): 13-17.

赵晓丹. 2012. 不同产区白肋烟质量特点及差异分析[D]. 郑州: 河南农业大学.

赵晓丹, 史宏志, 杨兴有, 等. 2012. 白肋烟不同程度烟碱转化株后代烟碱转化率株间变异研究[J]. 中国烟草学报, 18(1): 29-34.

周海燕. 2013. 采收期及晾制环境对白肋烟质量和香气物质含量的影响[D]. 郑州: 河南农业大学.

周海燕, 史宏志, 孙军伟, 等. 2013a. 物理保湿对宾川白肋烟上部叶调制及其香气物质含量的影响[J]. 河南农业大学学报, 47(1): 26-31.

周海燕, 史宏志, 徐发华, 等. 2013b. 晾制环境温湿度差异对白肋烟香气物质含量和感官质量的影响[J]. 中国烟草学报, 19(2): 47-53.

周海燕, 苏菲, 孙军伟, 等. 2013c. 生态环境对白肋烟上部叶的品质和中性香气成分的影响[J]. 中国生态农业学报, 21(7): 844-852.

Burton H R, Bush L P, Djordjevic M V, et al. 1989. Influence of temperature and humidity on the accumulation of tobacco-specific nitrosamines in stored burley tobacco[J]. Journal of Agricultural and Food Chemistry, 37(5): 1372-1377.

Cui M. 1998. The source and the regulation of nitrogen oxide production for tobacco-specific nitrosamine formation during air-curing tobacco[D]. Lexington: University of Kentucky.

Lewis R S, Parker R G, David D, et al. 2012. Impact of alleles at the yellow burley (Yb) loci and nitrogen fertilization rate on nitrogen utilization efficiency and tobacco-specific nitrosamine (TSNA) formation in air-cured tobacco[J]. Journal of Agricultural and Food Chemistry, 60: 6454-6461.

Roberts D L. 1988. Natural tobacco flavor[J]. Recent Adv Tob Sci, 14: 49-81.

Shi H Z, Wang R Y, Bush L P, et al. 2013. Changes in TSNA contents during tobacco storage and the effect of temperature and nitrate level on TSNA formation[J]. Journal of Agricultural and Food Chemistry, 61(47): 11588-11594.

Shi H Z, Wang R Y, Bush L P, et al. 2012. The relationships between TSNAs and their precursors in burley tobacco from different regions and varieties[J]. Journal of Food, Agriculture & Environment, 10 (3&4): 1048-1052.

Shi H Z, Di H H, Xie Z F, et al. 2011a. Nicotine to nornicotine conversion in Chinese burley tobacco and genetic improvement for low conversion hybrids[J]. African Journal of Agricultural Research, 6(17): 3980-3987.

Shi H Z, Zhao T, Liu G S, et al. 2011b. Differences in amino acid contents between flue-cured tobacco and burley tobacco both cured with flue-curing and air-curing method[C]. 65th Tobacco Science Research Conference, Lexington, KY, USA.

Shi H Z, Li C, Yang X Y, et al. 2010. Improvement on the trait of nicotine to nornicotine conversion for Chinese burley hybrids and effectiveness of quality increase and harm reduction[C]. 2010 CORESTA Congress, Edinburgh, UK.

Shi H Z, Krauss F M, Bokelman F G. 2003. Ethylene formation in tobacco plants treated with sodium bicarbonate[C]. 2003

CORESTA Congress, Buchurest, Romania.

Shi H Z, Fannin F F, Burton H R , et al. 2000a. Factors affecting nicotine-nornicotine conversion in burley tobacco[C]. 54th Tobacco Science Research Conference, Nashville, USA.

Shi H Z, Huang Y J, Bush L P, et al. 2000b. Alkaloid and TSNA contents in Chinese tobacco and cigarettes[C]. 2000 CORESTA Congress, Lisbon, Portugal.

附录：史宏志教授课题组科研教学与工作照

2008 年 4 月四川达州白肋烟工商座谈会

2007 年 5 月四川达州宣汉

2007 年 5 月四川达州宣汉

2009 年 8 月四川达州烟草科学研究所

2012 年 7 月四川达州宣汉

2010 年 7 月四川达州宣汉

2010 年 7 月四川达州宣汉

2007 年 7 月四川达州开江

2012 年 7 月四川达州烟草科学研究所

2009 年 8 月四川达州宣汉

2011 年 6 月四川达州宣汉

2011 年 7 月四川白肋烟项目田间验收及成果鉴定会

2009 年 8 月云南大理宾川

2010 年 7 月云南大理宾川

2011 年 7 月云南大理宾川

2011 年 6 月云南大理宾川

2012 年 7 月四川达州宣汉

2017 年 8 月四川达州万源

2016 年 7 月四川达州万源

2016 年 7 月四川达州万源

2017 年 12 月研究生在实验室做试验

2017 年 6 月王俊博士毕业时与导师和韩锦峰教授合影

2017 年 6 月研究团队合影

2017 年 9 月研究团队合影